のらぼう菜

太茎多収のコツ

髙橋孝次

農文協

これが、かわさき菅《すげ》ののらぼう菜だ！

作り続けて70年

私は、神奈川県川崎市多摩区菅の約10aの水田でのらぼう菜（アブラナ科）を約2500株栽培。2月下旬から5月初旬まで収穫し続け、庭先の直売所ですべて売り切る。長年多収技術を研究し、10aの売上は多い時で140万円にもなる。（依田賢吾撮影、以下Y）

太ものを採り続けるコツ
――ポイントは深摘心と切り戻し

のらぼう菜は、2月の摘心後、次々と出てくるわき芽を収穫する。収穫後半になると、普通は細く硬くスジばったわき芽になっていくが、私は栽培の工夫で、太くやわらかく甘味のある太茎を5月上旬まで採り続ける。

コツ3 最初の収穫は、地際5～10cmで切る（深摘心）

❶2月下旬、草丈40cmくらいの株になったら最初の収穫（Y）

❷一番下の葉から5～10cm上で切る。このあと、3月下旬までは、上から25cmくらい（収穫に適した長さ）を収穫し続ける（Y）

コツ1 育苗で、力のある大苗に仕立てる

9月に苗箱に播種し、ポリポットに鉢上げして根を切ることで根を増やす。11月の定植まで2カ月かけて、写真のような大株に育てる

コツ2 植え付けの間隔を広くし、大株に育てる

条間70cm、株間50～60cmと広めの間隔で植え、株が大きく横に広がれるようにする。11月から1月にかけて毎月1回追肥し、冬の間に勢いのいい株に育てておく。収穫が始まってからでの追肥では遅い（Y）

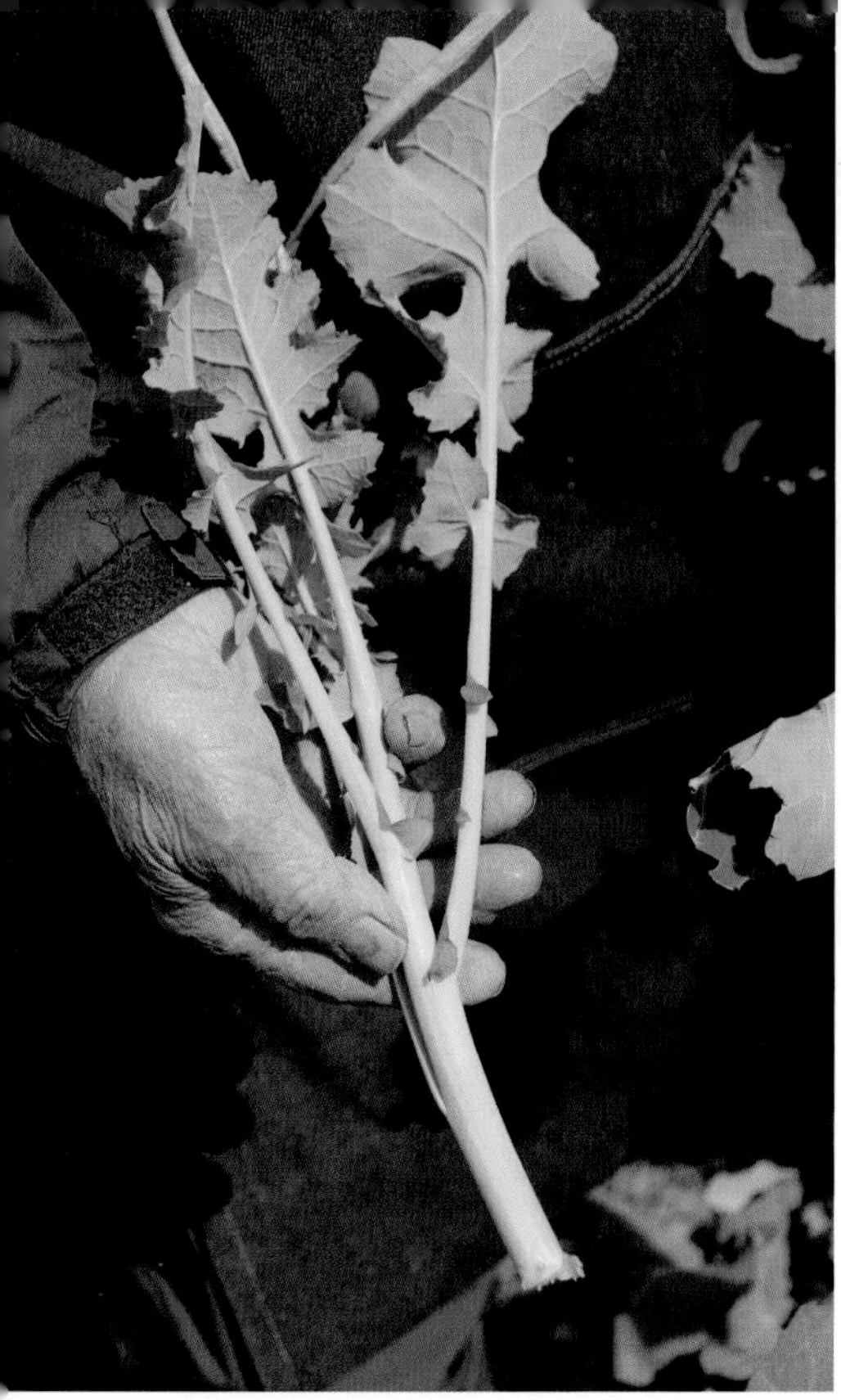

4月に収穫したのらぼう菜。太い茎が甘く、やわらかくて美味しい。切り戻しをしないと、細くて硬い茎になってしまう

コツ4

3月下旬から「切り戻し」を行ない、太いわき芽を出す

❶3月下旬以降は、芽が長く伸びるようになってくる（Y、以下このページすべて）

❷まず、上から25cmくらいで収穫。さらに、その茎の付け根の葉1枚を残して、残りを折り取る（切り戻し）

❸切り戻した茎の切り口の下に見えるわき芽（矢印）。これが太いわき芽になる

発想の着眼点

植物は、強く切り戻すと太くて勢いのあるわき芽を出し、弱く（短く）切り戻すと細く弱いわき芽を出す性質がある。深摘心と切り戻しによって、わき芽が出る位置（生長点）を常に低い位置に維持し、長期に太茎を出させる。

手作り道具で、袋詰めをラクに

品質管理と販売は妻の寛《ひろ》子《こ》が担当。手間のかかる袋詰めがラクにきれいにできるよう、「菅のらぼう保存会」では、独自の袋詰め道具を開発した。

収穫したのらぼう菜の品質を確かめながら、1袋分の400gを量る（岡本央撮影、以下S）

家の軒先の直売所で1袋200円で販売（Y）

塩ビ管を使った袋詰め道具

塩ビ管を板に打ちつけた道具を使うと、立ち仕事でもラクにきれいに袋詰めできる（直径11cm、高さ65cm）。まず、透明袋を筒に沿わせて中に入れたら、袋の底が見えるまで塩ビ管に沿わせて押し下げる（Y）

のらぼう菜の束を、袋にくっつくように塩ビ管に押し込む（Y）

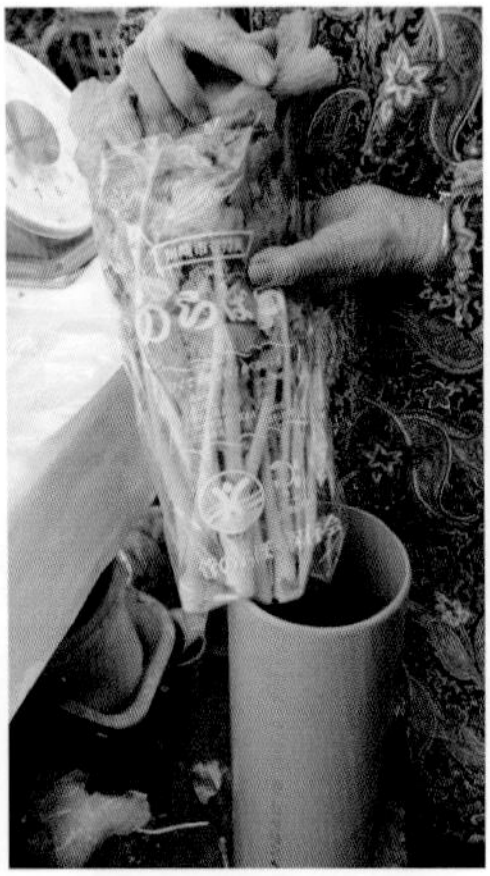

袋の縁を持って上に引っ張り上げると、袋詰め完了（Y）

自力で建てた「菅郷土資料館」
――近代農具と郷土の生活史を伝える

自宅敷地内に建てた菅郷土資料館には、髙橋家で代々使ってきた農具を並べている。壁に貼られた絵・地図・年表はすべて私の自作（Y）。

ワラを入れると縄がなえる「足踏み式縄ない機」は便利な農具

資料館入口には自筆の「菅のらぼう保存会」の看板も掲げている

子どもと搾る感動の一滴!!

——のらぼう菜のタネで油搾り体験

私は毎年約20の川崎市内小・中・高校で食農教育の講師をしている。のらぼう菜はもともと油を搾るために栽培していたという歴史を伝えるため、秋には油搾りの体験学習も行なう。

子どもたちは交代で、焦がさないようにゆっくりタネを50分炒る（6～7ページはS）

炒ったタネを臼でついて粉状にする。黒いタネがだんだん黄色に変わってくる

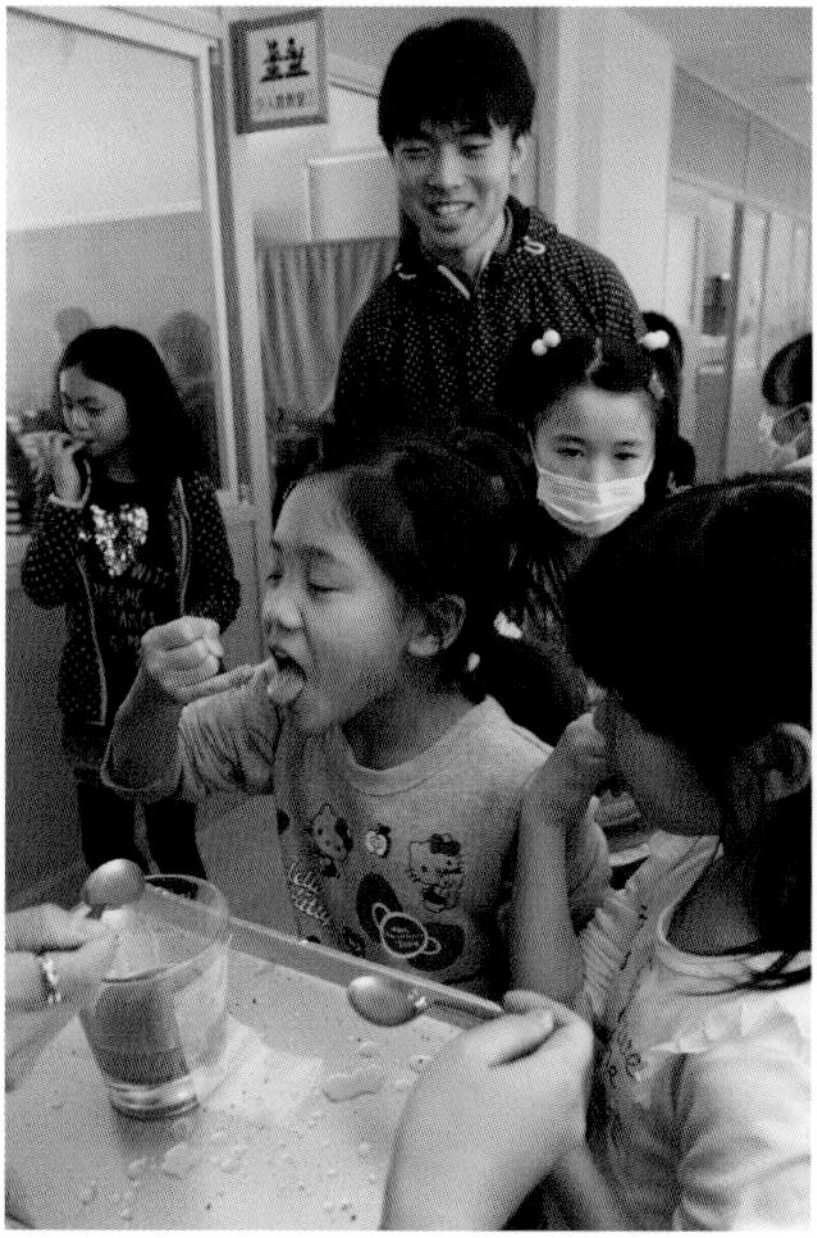

搾りたての油をなめてみる。ほんのり甘く、温かく、のらぼう菜の味と香りがした

黄色い粉状になったタネを布袋に入れ50分蒸してから搾り器（中央）に入れる。ハンドルを回して圧力をかけて油を搾り出す。想像以上に力がいる仕事で悪戦苦闘

搾った油に火をともす。暖かみのある光に歓声があがる。昔は菅のまちにも油屋があった

生ののらぼう菜をベーグルにはさんだ「のらぼうサンド」は、「ベーグルカンパニー」の春の定番メニューに成長。生で食べるという発想に驚いたが、とても美味しい。店主は「新鮮さが命」と、販売の前日夜か当日朝に採れたてを買いに来る（58ページ）

ひろがれ！ のらぼう菜の食文化

地元川崎市では、のらぼう菜を生かした商品開発が盛ん。のらぼう菜は甘味や旨味があり、くせがなくどんな料理にも合う。

のらぼう菜を細かく刻み、塩昆布、ごま油、白ごま、白だしとあわせたごはんの友（52ページ）

のらぼう菜キムチ（おつけもの慶、59ページ）。収穫期の3～4月の限定販売

のらぼう菜づくしの料理
（スパイスカレー ムビリンゴ、57ページ）

まえがき

私がのらぼう菜を作る畑からは、多摩川の土手が見えます。神奈川県川崎市多摩区菅野戸呂、多摩川の土手にほど近いこの地で私は生まれ、暮らしてきました。

家は小作人でした。戦後の農地改革で、耕していた土地が自分のものになった時の喜びは大きく、それ以来「土地は絶対手放さない」との思いを貫いてきました。その後、開墾すればその土地は自分のものになる制度ができ、父と一生懸命5畝を開墾しました。その土地が「よみうりランド」の開発で買収されることになった時、土地への愛着から、崖でもよいのでと頼んで代替地を3反もらい、そこに杉の木6000本を父と植えました。子どもを連れてカブトムシを捕りに行ったことは懐かしい思い出です。

都市化で土地の価格が高騰しても、自宅まわりの農地は手放さず、梨、養鶏、花、植木盆栽、野菜苗と、時代の流れを読みながら作目を変え、夢中で歩んできました。いろいろな野菜をいつも楽しそうに作っていた父は、私が営農の主を大胆に変えていく時、一切反対せずにいつも力を貸してくれました。

ところが、バブル崩壊で植木盆栽がまったく売れなくなりました。苦肉の策で野菜の直売所販売を始め、自家用に昔から育ててきたのらぼう菜を出したところ「美味しい」「美味しい」とよく売れました。まさに「花よりだんご」です。

そこから、のらぼう菜とともに歩む人生が始まりました。深摘心、切り戻しで生長点を下げる私流の栽培技術を研究し、従来に比べ収量は5～10倍にもなりました。地元の学校から子どもたちにのらぼう菜を教えてほしいと頼まれて教壇に立ち、教

筆者が描いた昭和25年ごろの川崎市多摩区菅6丁目の風景。野球帽をかぶっているのが筆者（18歳ごろ）。馬が田を耕す田園風景が一面に広がっていた

師になるという就農前に抱いていた夢も実現しました。

のらぼう菜は初秋にタネを播き、晩秋に苗を定植します。寒さに強く、霜が降りても雪をかぶっても枯れず、トウやわき芽を何度摘んでも「なにくそ！」と言わんばかりにまたわき芽を出します。そのたくましい姿に私自身が元気をもらってきたのです。子どもたちには「のらぼう菜は外国から日本にきて姿を変えず生きている。みんなも世界から日本を見てのらぼう菜を未来へ紡いでいってほしい」と話してきました。「地域特産物マイスター」にも認定され、のらぼう菜の素晴らしさ、栽培技術を次の世代に伝えたい、という思いが強くなりました。農業者向け研修や園芸講座でのらぼう菜の栽培技術を話すうちに「髙橋さんの話はおもしろい。栽培技術を本にまとめてほしい」といった声もたくさんいただきました。そうして、多くの方の協力を得ながら、本書を出版することになった次第です。

私は今88歳。「のらぼうで人生の最後を飾る」気持ちをこの本に託します。そして、東京銀座4丁目の呉服店に生まれ、戦争で稲城市の親戚に疎開し農業を覚え、縁あって我が家に嫁ぎともに歩んでくれた妻寛子に心から感謝の言葉を贈ります。

2020年9月

髙橋孝次

筆者

●目次

序章

「のらぼう」で変わる、我が人生

私が住む菅地区では、のらぼう菜のことを
親しみを込めて「のらぼう」と呼んでいます。
川崎市の都市化の波にもまれながらさまざまな農業に挑戦し、
最後にのらぼう菜にたどりついた、私の人生の記録です。

長い歴史を持つ「菅《すげ》」地区

私が住んでいる川崎市多摩区菅は、神奈川県川崎市の北西部にあたり、江戸時代のはじめ、徳川家康が行なった用水、二ケ領《にかりょう》用水（多摩川から水を取り入れて稲毛領、川崎領へ水を送る）の取り入れ口として重要な役割を持った土地です。代官を菅地区内に置き、天領としていました。

長い時代、稲作を中心にした農業地域でした。明治時代、川崎市南部多摩川の河口の発展によって、北西部の私どもの地域も梨栽培という新たな農業の姿へと発展。戦後の農業は、十年ひと昔のように変化を続けましたが、今は一部に残るだけになり、宅地化され栄えています。５つのお寺が残り、２つの神社があり、奈良時代、鎌倉時代の話など昔の話が数え切れないほど残る、長い歴史のある地域です。

私はこの地に１９３２（昭和７）年に生まれ、農業ひと筋に歩んできました。

教員の道をあきらめ、農業ひと筋に

我が家の農業経営は非常に小さく、時代の変化とともに変転を続けてきました。子どものころは水田で稲作をし、裏作に麦を育てて、のらぼう菜は油をとるために裏作の一部として植えていました。梨畑は「長十郎」、「菊水」、「早生赤」などを混植し、戦後は戦中に切りたおした一部の梨畑に桃の木を植えました。桃は神田や新宿などの市場へリヤカーで運び、トラックで共同出荷もしました。

私は１９４９（昭和24）年３月、現在の東京都立農業高等学校を旧制の５年生で卒業し、同時に東京都教育委員会より代用教員（小学校・中学校）の免許証をいただきました。しかし両親には「我が家の農業をやってくれ」と強く希望され、教員になる道をあきらめ、17歳で農業に専念することを決めました。

私が描いた、昔の萱ぶき屋根の我が家。多摩川の洪水対策のため、家のまわりは石を積んで石垣を作り、その上にお茶の木を植えた

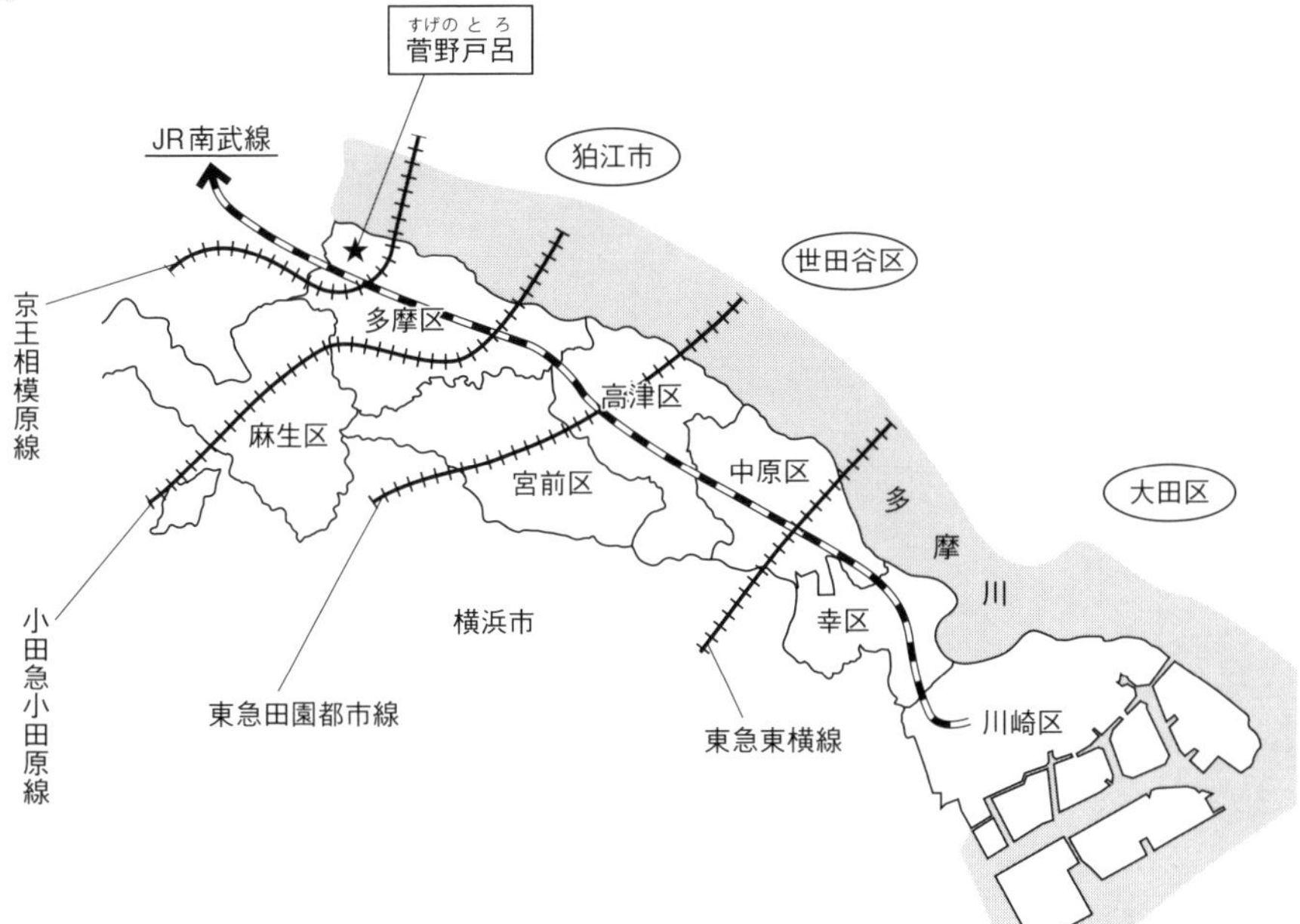

図１　川崎市の地図と、私の住む菅野戸呂の位置

梨栽培から養鶏へ

戦後の梨栽培は「観光もぎとり」に変わり、これもまた大変なことでした。１９５１（昭和26）年、１９５２（昭和27）年と大きな台風が２回きて、我が家の１反そこそこの梨が収穫直前にやられてしまいました。私はこの時、梨栽培の研究会の２代目会長をやっていましたが、梨をやめて我が家の農業を日銭の入るような農業に変えようと心に決めました。

当時、食生活の改善が叫ばれて、畜産の導入が始まりました。我が家は養鶏をやろうと決め、資金作りのため昼間は家の農業をやり、夜中に京王電鉄の線路を工事する工夫《こうふ》として３年半働きました。

１９５４（昭和29）年、鶏舎やバタリーケージ（柵を数段重ねる仕組みの檻）をほとんど自分で作り、養鶏家としてスタートしました。親父も一生懸命協力してくれたので大変な時でも乗り越えることができ、10年後には３０００羽の大養鶏場を作りあげました。

卵の値段は１個が40～45円で高くよかったです。この時に自宅を新築し、瓦屋根の48坪の家を建てました。この家に今も住んでいます。所属していた菅農協養鶏組合の２代目組合長、神奈川養鶏連青年部長も務めていました。そのころＮＨＫテレビに「春の卵」という番組があり、卵の消費拡大のために依頼され、初めてテレビ出演しました。

養鶏業の勉強に何度も講演会を開きました。講師の先生はよく「数は神様」「羽数が多いほど金になる」と言って増羽をすすめましたが、私は、ある講演会の最初に「このような単価の高い時代はいつまでも続くとは思えない。必ず大暴落の時が来る。今のうちに借金がある人は返すなどして備えるように」と心情を申し上げたのです。

卵の価格暴落で新しい道へ

１９６４（昭和39）年、卵の値段の大暴落が始まり、半値になりました。近隣は宅地化が急速に進み、周囲からは「新鮮な卵はほしいが鶏ふんの臭いが嫌だ」「鶏の鳴き声がうるさい」と声があがるようになり、鶏舎の衛生について保健所が毎日のように改善指導に来る日々が続きました。

私はこれ以上養鶏を続けることは無理だとやめる決意をし、養鶏組合長の職、県の青年部長も他の方にお願いし、１９７１（昭和46）年、養鶏業を廃業し、新しい道へと方向転換しました。ちょうど40歳になる時でした。

シクラメン栽培で始めた「お花の病院」が話題に

次に私が挑んだのはシクラメンの栽培です。１９６９（昭和44）年、１７０坪のガラスの温室を2棟作り、養鶏業を縮小しながら新たに施設園芸のスタートを切ったのです。シクラメンなどと夏冬の野菜苗も同時に育てました。ポット苗の先がけです。大部分の畜産農家は盆栽、サツキ、花、庭木の栽培へと移行し、菅農協は１００人を超すくらいの大所帯になり、「菅園芸部」が発足しました。

私は40代になって失敗したら大変だと思い、夢中でした。シクラメンの注文取りを町会に頼んだり、新聞折り込み、ポスティングもやり、自家販売をおもに進めました。

このころ、しおれかけた鉢花を預かって、元気にして戻す「お花の病院」を開設。３回テレビに出て、我が家から実況中継もしました。「お花の病院」は後に、国が「樹木医」を制度として作るヒントになったのではと思っています。

また、多摩区の市民館から成人学校に「園芸講座」を新しく設けたいので講師になってほしいと指名をいただき、1年に10回開催しました。そのうちに、隣の高津区の市民館、さらに川崎市教育文化会館からも「ベランダ菜園講座」をしてほしいと言われ、それらを20年間続けました。

不況の中挑んだ直売所で、のらぼう菜があちこちから

1969（昭和44）年、菅農協が、生田《いくた》、稲田《いなだ》、柿生《かきお》農協と合併し、多摩農業協同組合になりました。1980（昭和55）年には園芸部から花木部が独立し、役職を引き受け、菅地区の役職も受け、一層苦労が増してきました。

バブルがはじけ、1993（平成5）年ごろからサツキ、盆栽が売れなくなってきました。当時私は花木部長を務めていたので「何でもよいから自分で作った野菜や果物を持ち寄って花と一緒に農協（現セレサ川崎菅支店前）の自分たちの店で売ろう」とみんなに提案し、賛同を得ました。

髙橋園芸と明記した1.5tトラック

1969（昭和44）年に建てた2棟のガラス温室

花木部が野菜を販売することは、当時異例のことでした。

春の最初の即売の日、驚いたことに、のらぼう菜をあちこちの農家が出してきました。のらぼう菜は私が生まれる前から栽培され、タネから搾った油を、梨の袋掛け用の袋を長持ちさせるために塗っていました。食用としても茎が甘くやわらかく、私は古い歴史を持つのらぼう菜に惹かれ、油をとらなくなってからも自家用に作り続けていました。のらぼう菜の栽培を続けていた人が自分以外にもいたことを初めて知り、うれしさがこみあげてきました。

のらぼう菜は食味のよさが好評で非常によく売れて、毎週土、日の即売会が楽しみになってきました。

地元ブランド「かわさきそだち」に登録

部員とともに少しずつのらぼう菜の規模拡大を進めました。1997（平成9）年には、多摩農協と市内の3農協が合併し、セレサ川崎農業協同組合に。2001（平成12）年3月には、川崎市とセレサ川崎が一緒に川崎ブランドを作るとの発表を聞き、私は、「のらぼうは昔から我が菅地区に伝わっている古代野菜です」とお話しし、登録を強くお願いしました。その結果、「菅ののらぼう菜」としてかわさき農産物ブランド「かわさきそだち」に登録されました。

「菅のらぼう保存会」を立ち上げる

翌年2月、歴史あるのらぼう菜を後世に残したいと、菅地区の農家に声をかけ「菅のらぼう保存会」を会員21名で発足。よくこれだけの人が集ってくれたとありがたく思いました。保存会では会員のタネを持ち寄り、川崎市によってそれらの比較栽培が行なわれ、優良系統が選ばれました（22ページ）。新しい栽培技術の研究にも力を入れ「生長点を低くする」、「切り戻しをして生長点を一番下まで下げる」などの高品質・増収・長期出荷技術（28ページ）の共有を図りました。

２００３（平成15）年7月には神奈川県ブランドの指定も受け、新聞、テレビ、ラジオなどで取り上げていただきました。今も、のらぼう菜の最盛期の3月下旬には各種メディアの取材を受けています。

食農教育で、教壇に立つ夢が叶う

現在もセレサ川崎の直売所にて農家生産者への技術指導、川崎市農業技術支援センターで講習会を行なっています。また高等学校、中学校、小学校等20校の１７００人以上の生徒たちにも、のらぼう菜の歴史・栽培方法を授業で教えています。大変なことですが、私にとっては何よりの生きがいで、40年間続けています。

地域特産物マイスターに認定される

これまでののらぼう菜振興の取り組みが評価され、神奈川県が公益財団法人日本特産農産物協会へ「地域特産物マイスター」の認定申請をしてくれた結果、２０１５（平成27）年度地域特産物マイスターの認定登録を「のらぼう菜」で受け、翌年の２０１６（平成28）年2月22日に国から認定証をいただくことができました。神奈川県で2人目です。

明治大学との共同研究で栽培技術が実証される

また神奈川県と川崎市と明治大学と私で3年間にわたり高品質なのらぼう菜のブランド力向上を目指した共同研究を行ない「のらぼう菜栽培マニュアル」として発行し、川崎市長に贈呈し新聞発表をしました。２０１８（平成30）年春のことです。

私の栽培技術は『農家が教える野菜づくりのコツと裏ワザ』（農文協）と同名のDVDでも紹介されて全国で販売されています。昔からの栽培技術に私自身が考え研究を重ねてきた革新技術を取り入れて開発した高品質多収技術が、

15年以上もたって各方面からお誉めの言葉をいただき、農業で生きる者にとっては身に余る光栄です。

東京・埼玉の産地との交流

菅のらぼう保存会を設立後、関東でのらぼう菜を特産とする東京都西多摩郡五日市町（現在のあきる野市）との交流が始まりました。五日市から、川崎のタネ（早生系と晩生系）と五日市のタネを比較研究する提案があり、タネを送りました。２００２（平成14）年４月に畑の見学と試食をする交流会のお誘いに、菅のらぼう保存会、花木部会、農協職員ら総勢６人で五日市に行きました。これをきっかけに立川市の東京都農業試験場で「のらぼう菜」の比較研究が始まりました。全部で22組（川崎２組、五日市20組）です。結論は、川崎の早生系が、収穫量、糖分、その他の成分も勝っていて、五日市でも川崎の早生系を今後栽培していくことを検討すると、担当者から発表がありました。

次に埼玉県の小川町、寄居町、東松山市とも交流があり、大型バスで30人もが、ＪＡセレサ川崎菅支店に来られ、会議室で私が「のらぼう菜の歴史と栽培の仕方」についてお話ししてから、私ののらぼう菜の畑を見て帰られました。

１週間後、再度農協職員や、農業試験場の方々９人で、畑の見学と技術指導を受けたいと我が家に来られました。そして私が研究して成功したのらぼう菜の革新的な技術を話しました。２００３（平成15）年ごろだと思います。この埼玉との交流も４回くらい続いたと記憶しています。

２０１５（平成27）年春、川崎市は埼玉県東松山地方への視察を計画しましたが、私はその時身体を壊し、欠席しました。その際、埼玉県の指導者から「十数年前に川崎に視察・見学に行った時の髙橋さんの技術指導が参考になり、現在は品質のよいのらぼう菜がたくさんとれています」とお話があったとのことです。

のらぼう菜栽培マニュアル。神奈川県、川崎市、明治大学の共同研究の成果で、私の栽培技術も載っている

菅のらぼう物語——私が考える、のらぼう菜の伝来

のらぼう菜は古代野菜の一種で、古くからの姿を保っているアブラナ科のセイヨウアブラナです。

私は、古代から古墳時代にアジア大陸から渡ってきた渡来人たちや奈良時代の遣唐使がタネを持ってきたのではないか？　と思いを巡らせています。記録は何も存在しませんが、のらぼう菜から油が搾れることがその時すでに知られていて、昔から神社、お寺、各家々の神様、仏様にあげる灯明《とうみょう》の油をとるために、お寺やお宮の周囲には必ずというほど栽培されていたものだと思うのです。

我が川崎市多摩区周辺には、鎌倉時代に多摩川の流れを活用し多摩丘陵を幕府の北の守りの砦として生かすために、当時の地元武将、稲毛三郎重成に源頼朝の奥方北条政子の妹が嫁いだという記録があります。その時に大勢の親衛隊が菅地区を中心とした多摩区全域に移住し、その時にのらぼう菜も油をとる必需品のひとつと決め、穀類のタネと一緒に持ってきたのではないかと思います。私が小さいころは多摩区や近隣の各村に「油屋」という屋号の家が必ず一軒はありました。

タネからとった油は神様、仏様の灯明の油、食用油として、葉や茎は早春の野菜として利用し、油を紙に塗れば油紙として雨に強い紙ができるなど利用されていたと思います。

昔から一家の親父は穀物のタネを、嫁さんはのらぼう菜のタネを大切に保管して次の嫁さんへ伝えることが習わしであったという言い伝えが残っています。

江戸時代、ろうそくが普及すると急速にのらぼう菜の油の必要性がなくなり、一部の地域のみ細々と残ったようだと考えられます。

明治時代になって、川崎大師から梨の木が持ち込まれ、梨栽培が稲田村の稲作地帯で始まりました。梨の実を害虫から守るため紙袋（ハトロン紙）をかける必要がありましたが、紙袋を長持ちさせるためにのらぼう菜の油を塗ったことは非常によかったと思っています。

その後、外国から安い油が入ってきて「油屋」が仕事じまいをし、のらぼう菜の生産目的が自然と早春の野菜を得るためのものになった。これが我が菅地区ののらぼう菜の流れだと考えています。

第1章

のらぼう菜はどのような野菜か

川崎市などの関東地方で
古くから栽培されてきたのらぼう菜ですが、
最近の研究でルーツなどさまざまなことがわかってきました。
専門家の協力も得ながら、本章にまとめました。

のらぼう菜とは？

40年前から、のらぼう菜の栽培方法や大切さを地元の子どもたちに伝えてきた（岡本央撮影、以下S）

収穫したのらぼう菜（２月の摘心収穫。依田賢吾撮影、以下Y）

川崎市の菅地区でずっと栽培されてきたのらぼう菜は、学術的に見るとどんな作物なのでしょうか？

明治大学農学部でのらぼう菜を研究し、私の畑にも通った博士（農学）の柘植一希さん（24ページにも登場）に、最新の研究成果を伺いました。

禹《う》博士の三角形

のらぼう菜は春になると、４つの花びらを持つ黄色い十字花をたくさん咲かせます。これはアブラナ科の仲間の印。中でもアブラナ属（*Brassica*）に分類されます。アブラナ科にはダイコンやワサビの仲間も含まれますが、花の色や属が異なります。

アブラナ属には日本人に馴染み深い食用の作物がたくさんありますが、それを今から80年以上も前に分類したのは、禹長春博士（１８９８～１９５９）でした。禹博士は明治期に日本で生まれ、育種学者として活躍。戦後は韓国へ渡って故国の農業発展に尽力しました。その研究成果は

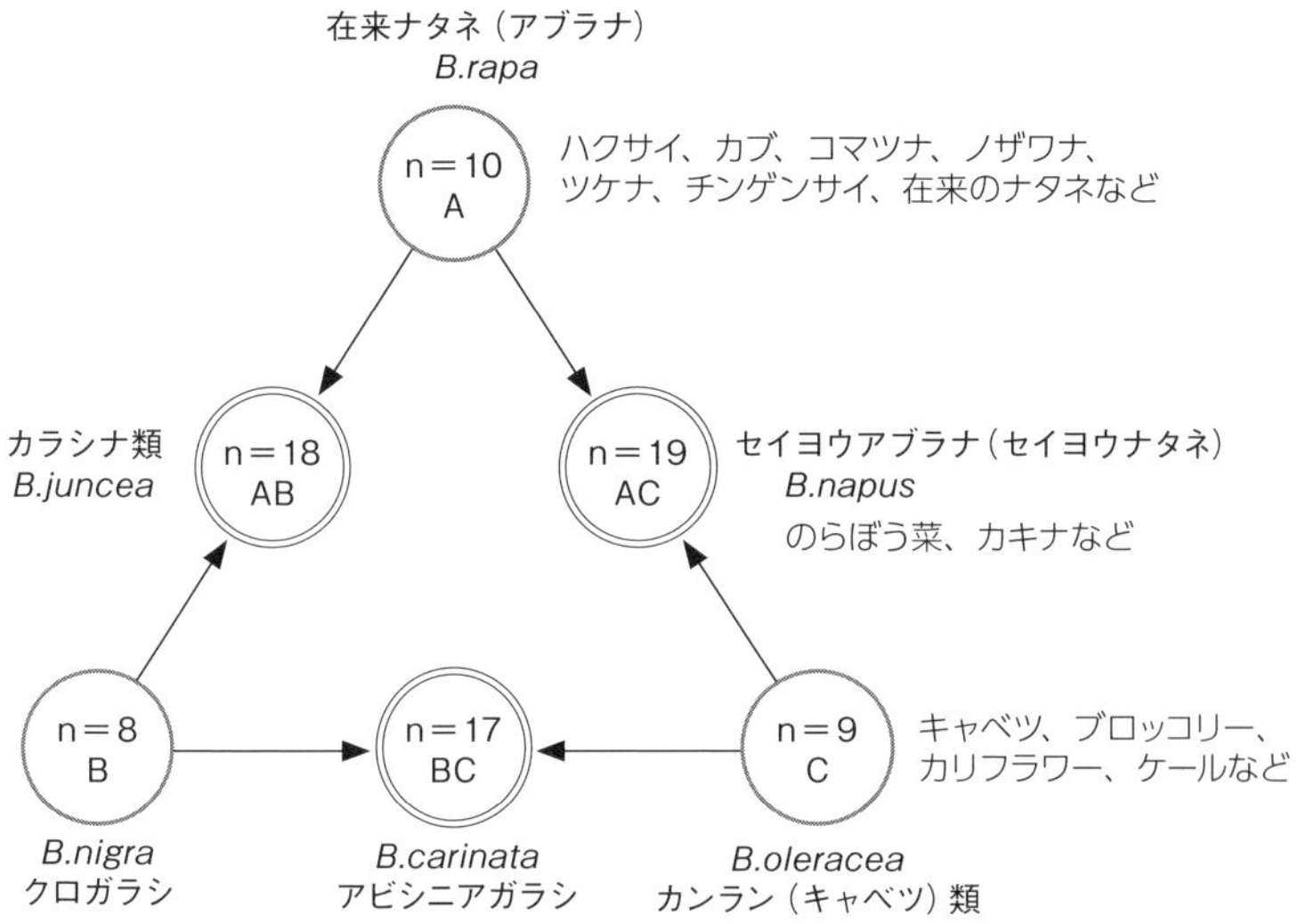

図1－1「禹博士の三角形」
アブラナ属植物とABCゲノム
一重丸は二倍体、二重丸は複二倍体を示す

「禹博士の三角形（U's triangle）」と呼ばれ、アブラナ科植物研究の基礎となっています（図1―1）。

禹博士の三角形によると、アブラナ属のAゲノム種（*B. rapa*）にはハクサイ、コマツナ、チンゲンサイ、カブ、ツケナ類のほか、昔から日本で油を搾るために栽培されていた在来のナタネが属しています。

Cゲノム種（*B. oleracea*）には、キャベツ、ブロッコリー、カリフラワー、ケールなどが含まれています。

では、のらぼう菜はどこに属しているのでしょう？　遺伝子を調べてみると、AゲノムとCゲノムを含むACゲノム種（*B. napus*）＝「セイヨウアブラナ」の仲間なのです。濃緑色の葉の表面に白っぽいワックスがかかっているのが、この種の特徴です。

他のアブラナ科野菜と交雑しにくいのはなぜ？

日本にはアブラナ属の植物が多いので、同じ仲間（種）どうしは交雑しやすく、自家採種は難しいといわれてきました。ところが、菅の髙橋さんはじめ、のらぼう菜の生産者は、現在も自家採種でタネをつないでいる人が多いのです。髙橋さんは70年以上自分でタネを採り続けておられますが、「昔は交雑なんて気にしなかった」し、「子どものころと姿形は変わっていない」そうです。また「菅のらぼう保存会」を作る前、「それまでみんな黙っていたけど、近所に20軒も作っている人がいて驚いた」のだとか。みんな自分でタネをつないでいたのですね。あまり交雑せず、自家採種で受け継ぐことができたのは、なぜでしょう？

もう一度「禹博士の三角形」を見てみましょう。ハクサイや在来のナタネが属するAゲノム種、キャベツが属するCゲノム種、のらぼう菜が属するACゲノム種、それぞれ同じゲノム種内では、互いに交雑してタネを作ることができますが、同じアブラナ属でも種が違えば交雑しにくいのです。

ハクサイとコマツナはAゲノム種、ブロッコリーとカリフラワーはCゲノム種なので、同じゲノム種内で交雑しやすく、自家採種で同じ形質を残すのが難しいこともあり、毎年種苗メーカーからタネを購入することが多いのです。

一方、日本でACゲノム種に属しているのはのらぼう菜のようなナタネ、日本では珍しいルタバガぐらい。のらぼう菜は、交雑しやすい相手が少ないのです。

それでもまったく交雑しないわけではなく、長年作り続けていると、時々葉の色が違ったり、表面にツヤがあったり、「これは違う」と感じる株が出てくるので、髙橋夫妻は注意深く観察してそれらを取り除き、タネを採り続けてきました。

のらぼう菜のルーツは？

日本で古くから栽培されていたAゲノム種である在来のナタネは、シベリアや中国、朝鮮半島などを経由して、日本へやってきました。一方、ACゲノム種のセイヨウアブラナは、ヨーロッパ、アジアの順に拡散し、世界中に広まったとされています。

油を搾る作物として先に日本へたどりついていたのは、在来のナタネを含むAゲノム種でした。ところが、のらぼう菜の遺伝子を調べてみると、ACゲノム種のセイヨウアブラナなのです。のらぼう菜は、いつ・どこから・どうやって日本にやってきたのでしょう？

日本のナタネを昭和期に調査された志賀敏夫先生（故人）の研究によると、日本にセイヨウアブラナ種のナタネが導入されたのは明治以降。在来のナタネよりも収量が多い品種が海外から導入された後、日本の土地に合うように改良が進められ、全国に広まりました。昭和30年代になると日本のナタネの生産量は減少。現在はカナダ産やオーストラリア産などのキャノーラ油（ナタネ油）の流通が多くなりました。それでもナタネは、のらぼう菜のように春先に花芽を味わう野菜として、各地に残されています。

　のらぼう菜は、トウ立ちした花茎を摘心するとわき芽を伸ばし、それが伸びたところで収穫すると再びわき芽が伸び、次々と収穫できます。その旺盛な繁殖力の源には、どんどん花を咲かせて結実し、より多くのタネを残そうとするセイヨウアブラナの特徴が現われています。また、生育途中で低温に遭わなければ、花芽分化を起こしてタネを残すことができません。寒さに強いのらぼう菜には、その特徴が生きているのがわかります。

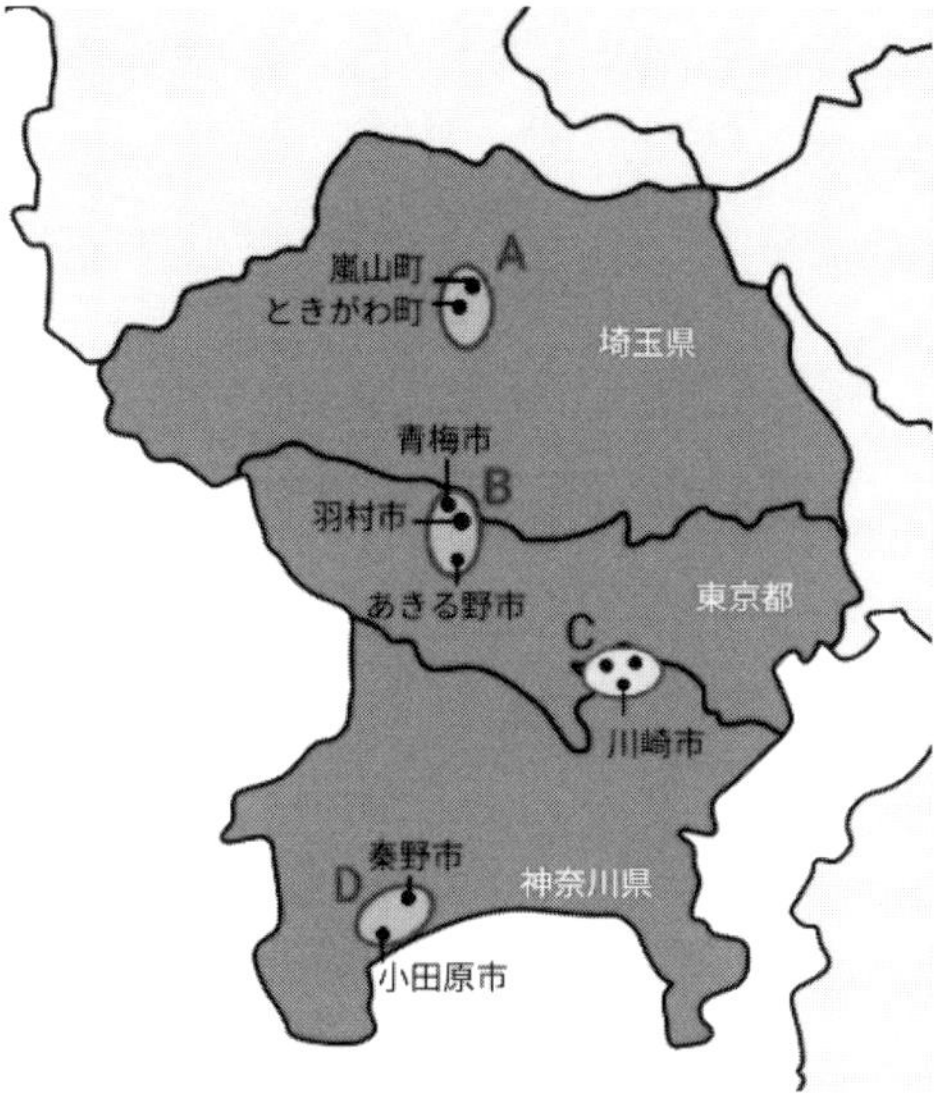

図1－2　関東地方ののらぼう菜の産地
A、B、Dは遺伝子的に関連が見られるが、川崎市のCには、他の3地点とは異なる特徴が見られる

川崎ののらぼう菜は、他産地と違う？

川崎市にある明治大学農学部野菜園芸学研究室（主宰：元木悟准教授）のチームは、関東地方のA埼玉県比企《ひき》郡、B東京都青梅市・羽村市・あきる野市、C神奈川県川崎市、D秦野市・小田原市の4地域の農産物直売所や生産者からカキナやコマツナも含む23のサンプルを収集し、遺伝子を解析しました。

　その結果、A、B、D地点のサンプルが、遺伝子的に密接な関係にある一方、川崎市産のCは、他の産地とは形態も遺伝子も異なる特徴を示しました（図1—2）。さらに川崎市産のサンプルは、アスコルビン酸とカルシウムの含有量が最も高いこともわかっています。

　菅ののらぼう菜が川崎にやってきたのは、高橋家に伝わるように鎌倉時代なのか、五日市や比企に闍婆菜《じゃばな》がもたらされた江戸時代か、それとも改良が進んだ明治以降か？それはまだ謎のままですが、菅ののらぼう菜は、保存会会長の髙橋さんを中心に、のらぼう菜らしい形質を維持してきたことは事実です。川崎の大切な農産物として、ずっとそのまま伝え続けてほしいと願っています。

のらぼう菜の美味しさと栄養

寒さに当たって甘くなる

アブラナ科特有の苦味やえぐ味が少なく、さっとゆでて食べると、茎がほのかに甘く食べやすい。それがのらぼう菜です。冬になり年を越えても、決して枯れることはなく、寒さに当たれば当たるほど、糖分が増していきます。

川崎市緑化センターでは、２００８（平成20）年度「のらぼう菜糖度調査」を行ないました。それまで調査していた20系統の中から、優秀な4系統を選出。うち早生のNo.6と晩生の7は、私が育ててきた系統です（詳細は22ページを参照）。調査の結果、

・極《ごく》早《わ》生《せ》No.14　4.9～7.2
・早《わ》生《せ》No.6　4.8～6.8
・中《なか》生《て》No.9　5.5～7.4
・晩《おく》生《て》No.7　4.9～7.7（Brix%）

いずれも収穫初期の糖度が最も高く、だんだん低下していきます。また、極早生や早生系統に比べ、中生、晩生系統の方がやや糖度が高いことがわかりました。

姿も栄養も変化する

のらぼう菜は、2～3月にトウ立ちが始まると、最初に主茎部を収穫し（摘心）、続いて横から出てくる側枝（わき芽）を4月まで順次収穫する、収穫時期の長い作物です。

収穫初期は葉が茂っていて、中期は茎が太くやわらかい。そして終期になると茎がだんだん細くなり、本数が多くなる……というように、収穫物の姿が変化していきます。

神奈川県農業技術センターの調査によると、のらぼう菜は、収穫時期により、その姿形が大きく変化するだけでなく、栄養成分も変化することがわかりました（図1―3）。

初期（2月下旬～3月中旬）　収穫はじめの主茎部は太く、葉も幅広い。遊離糖やアミノ酸も多く含まれていて、濃く、しっかりとした味がします。

中期（3月下旬～4月中旬）　主茎部は太くしっかり。葉の量は徐々に少なくなっていきます。遊離糖やアミノ酸の量が徐々に減少していきますが、十分に美味しさを感じられる量が保たれています。

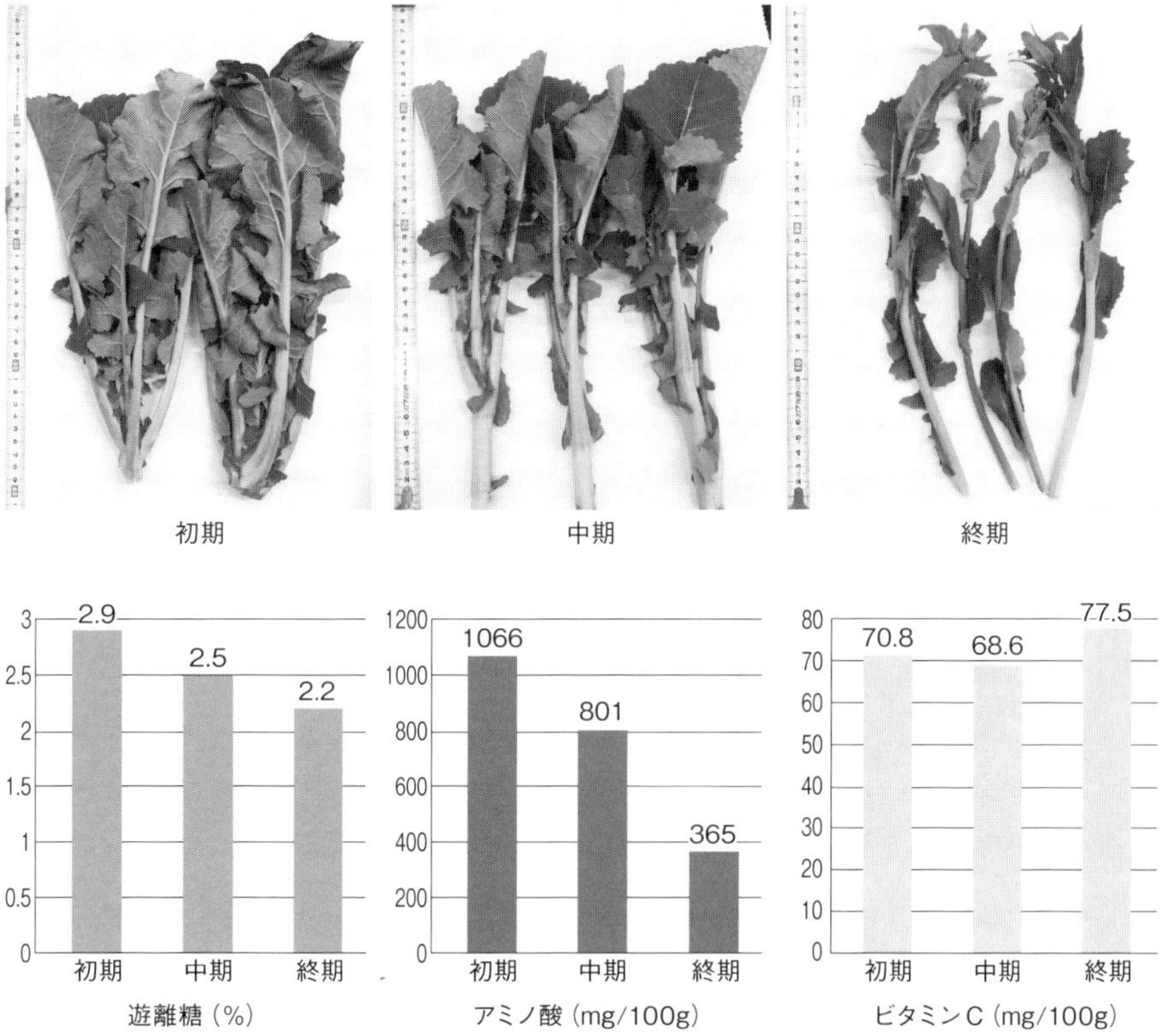

図1－3　のらぼう菜の変化（写真提供：神奈川県農業技術センター）

終期（4月中旬～下旬）　収穫も終盤を迎えると、本数が増える分、主茎部が細くなり、葉の量も少なくなっていきます。アミノ酸量は減りますが、甘味を感じるやさしい味になっていきます。

収穫時期に合った食べ方を

収穫初期～中期（2月下旬～4月中旬）は、葉も茎も、濃くしっかりとした味なので、生のままサラダでも食べられるほど。4月下旬以降の収穫期終盤にさしかかると、旨味のもとのアミノ酸は減っていきますが、やさしい甘味が感じられます。私は定番のおひたしやごま和えにして美味しくいただくのが好きです。

初期から終期まで、ずっと変わらず豊富に含まれているのがビタミンCです。最近流行っているのはスムージー。柑橘類やバナナと一緒にミキサーにかけるだけ。食物繊維もとれるので、お通じもよくなりますよ。

川崎市以外の産地について――東京・埼玉

関東には川崎市菅地区以外にも、のらぼう菜の栽培に取り組んでいる産地があります。昔は互いに訪ね、交流したものです。そんな東京と埼玉、2つの産地の最新情報です。

東京都・五日市のらぼう部会

東京都あきる野市、旧五日市町の子生《こやす》神社には、「野良《のら》坊《ぼう》之碑」があります。そこには1767（明和4）年、代官の伊奈備前守が、天領12カ村に「闍婆菜《じゃばな》」のタネを配り、栽培を奨励。天明・天保の飢饉で、多くの命を救った記録が残されていて、地元ではこれがのらぼう菜のルーツではないかといわれています。

2005（平成17）年4月、農協の直売所への出荷者が集まって「五日市のらぼう部会」を結成しました。農家がそれぞれタネを持ち寄り、名前を伏せて栽培しました。できたのらぼう菜をみんなで食べ比べ、一番味のよい株のタネに統一。部会員が交代で採種を担当しています。

五日市の東側の平地は、温暖で年末年始に出荷できますが、西側の山間部は「午後3時に日が暮れる」ほど日照時間が短く生長が遅いそうです。それでもこの地区ののらぼう菜は「寒さに当たって甘味が強い」と評判です。

3月になると直売所の棚は緑ののらぼう菜一色。葉先にギザギザの細かな切れ込みがあって葉の端は紫色。それが川崎とは違うところです。

現在も部会長の乙戸《おつど》博さんを中心に36名の部員が栽培中。地元の保育園や小中学校の給食のほか、農協を介して都庁の食堂、地元企業のギフト、マラソン大会の参加賞等々、千袋単位の大口注文が舞い込むようになったそうです。組織化して、タネと規格を統一したことで、「五日市ののらぼう菜」は、着々と広がっています。

埼玉県「比企のらぼう菜」

埼玉県旧都幾川《ときがわ》村で、2004（平成16）年に五日市と同じ内容の古文書が発見されました。これを機に、埼玉県東松山農林振興センターを中心に「のらぼう栽培部会」を

3月末、嵐山の農産物直売所は、のらぼう菜でいっぱいに

五日市のらぼう部会長の乙戸博さんは、採種も担当している

嵐山町の大野敏行さんは、比企ののらぼう菜の産地化を実現

五日市ののらぼう菜は、統一した袋に入れて直売所で販売

設立。五日市からタネを譲り受け、嵐山町で3年間採り続けたタネを配って、3農家からスタートしました。その後小川町、滑川《なめがわ》町、ときがわ町、東松山市と、「比企《ひき》のらぼう菜」の産地は広がっていきます。

2009（平成21）年「JA埼玉中央のらぼう菜部会」が発足。農協の協力を得て、直売だけでなく、市場出荷を同時に行なっているのが、比企のらぼう菜のすごいところ。その出荷量は、年間60tを超えています。

生産者は、朝8時30分までにのらぼう菜を最寄りの直売所に出荷します。すると農協の担当者が回収し、集荷センターへ集めて、首都圏の市場へ。3月には冷凍加工向けの出荷も開始。袋代、箱代、手数料がかからないので「利益が大きい」と、みんな喜んでいるそうです。

ずっと会長を務めてきた大野敏行さんは、比企郡だけでなく、JR八高線沿いにさらに広めていこうと画策中。川崎、五日市、比企……3つの産地がつながる日は、そう遠くないのかもしれません。

菅ののらぼう菜の系統と特徴

極早生から晩生まで、多彩なのらぼう菜

毎年2月になると、川崎市内の農産物直売所には、いろんなのらぼう菜が並びます。大きかったり小さかったり、緑が濃かったり鮮やかだったり「どれがホント？」と首をかしげてしまうほど、大きさや形がバラバラで統一感がないのです。それはなぜでしょう？

川崎市多摩区の菅地区では、古くからのらぼう菜が栽培されていました。みんな自家消費が中心で、タネ屋から買うのではなく、各家が毎年自分の畑の中から、好みの色や形の株を選抜してタネを採り続けてきました。だから同じ地区内に、いろいろな色や形ののらぼう菜が、いくつも存在しているのです。

「菅のらぼう保存会」ができて、私が会長になった時、のらぼう菜を栽培していた10軒の農家は、それぞれ採種していたタネを、神奈川県を通して川崎市緑化センターに託しました。これをもとに２００３〜２００６（平成15〜18）年の４シーズン、「菅地区におけるのらぼう菜の収量調査」が行なわれたのです。

同センターでは、市内で集めた15種類と比較対象として市外の４種類のタネを栽培して、その生育段階や収量、糖度を調査しました。その結果、２月に入るとすぐトウ立ちする極早生、中旬の早生、その１週間後の中生、３月以降の晩生、大きく分けて４系統ののらぼう菜が存在していたことがわかりました。

収量も糖度も優れたNo.6

早生系統は早くから収穫できる代わりに、終盤は茎が細く硬くなりがち。逆に晩生系統は、終盤まで太い茎が収穫できます。調査の結果、１株当たりの収量は、３４０g前後から１kgを超えるものまで、栽培者により大きく異なっていました。調査担当者の話によると、「調査した14種類の中で、茎の本数や収量は、特にNo.６、７、９、14の成績がよかった」とのこと。中でも早生のNo.６と晩生のNo.７は、私が育てたのらぼう菜のタネでした。

私が育てた早生のNo.6

川崎市農業技術支援センターで、苗の定植を指導

早生のNo.9も栽培

極早生のNo.14

当時の調査によると、私が育てたNo.6の1株当たりの茎数は140～212本。重量は1337～1510gと、いずれも平均値を上回り、収量も糖度も高い優れた系統であることがわかりました。

あれから15年近くたった今、晩生のNo.7は栽培していませんが、早生のNo.6は今も現役で、2月初旬から5月の連休まで長期間収穫しています。

当時の調査に協力した生産者は、すでに物故された方も多く、今は栽培されていないものもあります。しかし、この時保存会の会員を通じて集まった14のタネは、定期的に更新され、神奈川県の農業技術センターに貴重な遺伝資源として残されています。

2019（令和元）年10月23日、川崎市農業技術支援センターの畑で「かわさきそだち栽培支援講座」の受講者を対象に、のらぼう菜の定植講座が開かれました。この日は、No.6、7、9、14の苗を植え付けました。こうして保存会のメンバーが残したのらぼう菜のタネは、川崎市民に受け継がれています。

毎年私が育てているのも、苗を販売しているのも、市内の小学生たちが育てているのもNo.6。数ある系統の中で、川崎市を代表するのらぼう菜になりました。

のらぼう菜は世界的にも珍しい野菜です

博士（農学）　柘植一希

私は、川崎市の明治大学農学部（生田キャンパス）の元木悟准教授の研究室で、野菜の栽培について研究してきました。のらぼう菜の研究に取り組み始めましたのは、大学3年生の時でした。菅の髙橋孝次さんの畑に2年ほど通い、その栽培方法を教えていただきました。

研究に取り組み始めてわかったのは、のらぼう菜はアブラナ科の他の野菜に比べて、研究するのが難しいこと。ハクサイやキャベツ、ブロッコリーなどの野菜の収穫は、1回で終了しますが、のらぼう菜の場合、収穫が1回ですまないどころか、1回目の収穫の仕方で2回目、3回目の収量や品質などが変わってしまう。条件を揃えて客観的なデータを取るのが難しい野菜なのです。それでもその成果を、神奈川県や川崎市と明治大学が共同で作成した「のらぼう菜栽培マニュアル」にまとめることができました。

助手になった私は、スペイン王国のポンテベドラ市内で開催された「ブラシカ2017」という国際学会に参加しました。世界中からアブラナ属の野菜の研究者が参集する中、のらぼう菜がセイヨウアブラナの花茎や葉を利用する野菜と説明すると「珍しい！」と、参加者から驚きの声が上がりました。2020年春、これまでの研究成果をまとめた論文で博士号も取得しました。セイヨウアブラナは海外ではほとんどの場合、ナタネとして油を搾るために栽培されます。のらぼう菜のように、葉っぱや茎を食べるために栽培することは珍しく、学術論文数もごくわずか。世界的にも貴重な遺伝資源なのです。

第2章

慣行より5倍多収も可能！ 多収栽培の実際

「のらぼうで蔵が建つ」とかねてから申し上げるように、栽培の工夫しだいでのらぼう菜は非常に儲かる野菜となります。この章では私の栽培方法を詳しく解説します。

庭先で飛ぶように売れるのらぼう菜
——10aで100万円以上の売上に

1袋200円で1日50～70袋売れる

毎年2月中旬になると、川崎市多摩区菅地区にある私のガラス温室前の直売所に、ぎっしりと袋詰めした「のらぼう菜」が並びます。

採れ始めのやわらかい時期は350g、トウ立ちが始まるころからは400g入りで、1袋200円で販売しています。1日50～70袋が昼過ぎには売り切れてしまいます。最盛期には1日100袋を超える日も。ご近所の人はもちろん、「髙橋さんののらぼうでなくっちゃあ」と、わざわざ遠方から買い求めに来る人も少なくありません。約3カ月で10aの売上は100万円以上に。新型コロナウイルスで自粛が続いた2020（令和2）年春の売上は、これまでで最高の140万円になりました。

暖かくなるにつれ、市内の直売所に並ぶものは茎がだんだん細く、硬いものが多くなるのですが、私ののらぼう菜は、「春になっても太くて甘く、やわらかくて美味しい」と評判です。その秘訣は、私が見出した深摘心や切り戻しなどの栽培技術にあります。

私は11月中旬からのらぼう菜の苗も販売しています。育苗用の温室には本葉が4～5枚、草丈20㎝ほどに生長したポット苗、5000株がズラリ。お日様の方向に葉を向けて、ぎっしり並んで冬の畑への出番を待っています。1株130円。培養土や肥料は足さず、ポットの中は腐葉土のみ。温室の陽光を浴びて、すくすくと育っています。

これらの苗は、多摩区を中心とした川崎市の約20の小学校の食育授業でも配布します。これまでに私がのらぼうの育て方を教えた児童は、2万5000人を超えています。

川崎市内の出荷者は153人!?

菅地区の農家が、自家用や庭先販売向けに栽培してきたのらぼう菜に、転機が訪れたのは2000（平成12）年。川崎市内で栽培される新鮮かつ安心・安全な農産物が「かわさきそだち」の名でブランド化され、「菅ののらぼう菜」が登録されたのをきっかけに、農家も積極的に作り出して

●私の直売所

自宅前の直売所にて、
１袋200円で販売

袋詰めと販売は妻寛子の担当。直売所で販売するほか、予約注文も入るので、毎日忙しい（岡本央撮影、以下Ｓ）

販売を始め、市民の間に広がっていきました。

川崎市内にはＪＡの支店の直売所や宮前区と麻生区の「セレサモス」がありますが、のらぼう菜の出荷者として登録している生産者の数は、なんと１５３人！　全員が毎年出荷しているとは限りませんが、少なくとも栽培経験のある人が、これだけ存在しているのは事実です。

のらぼう菜は市販のタネは少ないので、自身で自家採種していたり、私のような農家から譲り受けたり、苗を仕立てている農家から購入して、栽培している人が多いようです。

また、川崎市の農業実態調査（２０１７（平成29）年）によると、川崎市におけるのらぼう菜の栽培面積は、３２９・17ａで、ニンジンやピーマンをしのぐ25位。収穫量は１万３２１５kgで26位というなかなかの健闘ぶり。今ではブドウやピーマン、シュンギクよりも多く栽培されていて、青物の少ない冬から早春にかけての農産物として、広く市民に愛されていることを物語っています。

長期どりで太茎多収するには？——栽培のポイント

5月上旬までやわらかい「太もの」が採れる

のらぼう菜は、2月下旬から収穫が始まります。一般的に、最初は太くやわらかい茎葉が採れるのですが、3月を過ぎて4月になると、だんだん茎が細く、硬くなって、4月上旬には収穫を終える人が多いようです。

ところが私の場合、最後までやわらかい「太もの」が安定して採れます。5月上旬の連休まで収穫できるので、販売期間が他の農家より1カ月長いのです。2月下旬から5月初旬まで、自宅前の直売所で1袋200円で販売するほか、学校給食や市内のレストランやベーグル専門店、キムチ屋さんにも出荷しています。私ののらぼう菜を使った商品は、いずれの店でも大好評のようです。

ここでは私が独自に見出したのらぼう菜の栽培方法のポイントを紹介しましょう。

育苗で、力のある大苗に仕立てる

8月下旬〜9月中旬に苗箱にタネを播いて育苗し（図2―1）、本葉が1〜2枚出たところでポットに鉢上げし、ガラス温室で育苗します。小さな苗を箱から取り出して、ポットに移す時、根が切れるのですが、育苗の初期段階であえて根を切ることで、苗は刺激を受け、「何くそー」と頑張りを見せて根を増やし、一段と強く育つのです。

鉢上げの際の用土には培養土ではなく、腐葉土のみを使い、根の発達を促します。本葉が4〜5枚展開し、草丈が20cm以上の大苗になったら、いよいよ定植。10月下旬〜11月下旬にかけて、本圃へ移します。

秋の間大事に育苗して大苗に育てておくことで、定植後の寒い冬の間もしっかり生長して、長期収穫できる大株に育っていくのです。

月に一度の追肥で、冬の間に株を育てる

ここから12、1月と、ぐっと気温が下がりますが、圃場にはマルチもトンネルもかけません。月に一度、ひと株にひと握りの割合で有機入り化成肥料を施し、じっくりと株

郵 便 は が き

おそれいります
が切手をはって
お出し下さい

1078668

（受取人）
東京都港区
赤坂郵便局
私書箱第十五号

農 文 協

http://www.ruralnet.or.jp/

読者カード係 行

◎ このカードは当会の今後の刊行計画及び、新刊等の案内に役だたせていただきたいと思います。　　はじめての方は○印を（　）

ご住所　（〒　－　） TEL： FAX：	
お名前　男・女　歳	
E-mail：	
ご職業　公務員・会社員・自営業・自由業・主婦・農漁業・教職員（大学・短大・高校・中学・小学・他）研究生・学生・団体職員・その他（　）	
お勤め先・学校名	日頃ご覧の新聞・雑誌名

※この葉書にお書きいただいた個人情報は、新刊案内や見本誌送付、ご注文品の配送、確認等の連絡のために使用し、その目的以外での利用はいたしません。

● ご感想をインターネット等で紹介させていただく場合がございます。ご了承下さい。

● 送料無料・農文協以外の書籍も注文できる会員制通販書店「田舎の本屋さん」入会募集中！
案内進呈します。　希望□

■毎月抽選で10名様に見本誌を１冊進呈■（ご希望の雑誌名ひとつに○を）

①現代農業　②季刊 地 域　③うかたま

お客様コード □□□□□□□□□□

17.12

お買上げの本

■ご購入いただいた書店（　　　　　　　　　　　　　　　　書 店）

●本書についてご感想など

●今後の出版物についてのご希望など

この本をお求めの動機	広告を見て（紙・誌名）	書店で見て	書評を見て（紙・誌名）	インターネットを見て	知人・先生のすすめで	図書館で見て

◇ 新規注文書 ◇　　郵送ご希望の場合、送料をご負担いただきます。

購入希望の図書がありましたら、下記へご記入下さい。お支払いはCVS・郵便振替でお願いします。

(書名)	(定価) ¥	(部数) 部
(書名)	(定価) ¥	(部数) 部

の生長を促します。春になってからの追肥では間に合いません。

寒くても決して枯れることはなく、地面にロゼット状に葉を広げて光合成を行ない、自分が凍らないように栄養分を糖に変え、じっくり糖度を上げていくのです。

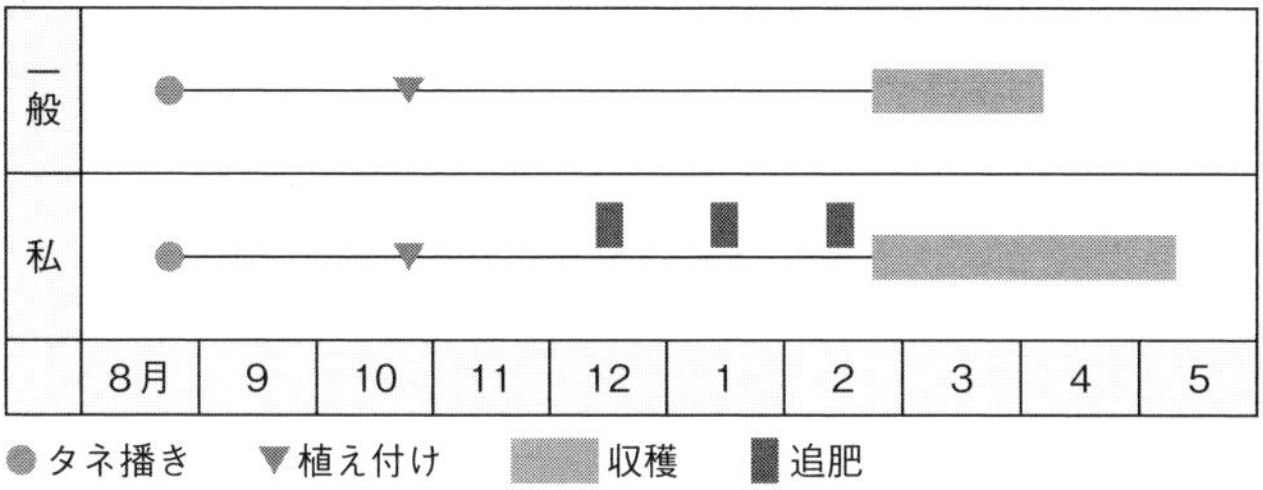

図２−１　のらぼう菜の栽培スケジュール

一般的な収穫期間は２月下旬から４月上旬だが、私は５月上旬の連休までとれる。しかも最後まで太くやわらかい茎を収穫する

●地際収穫で太ものを採る！

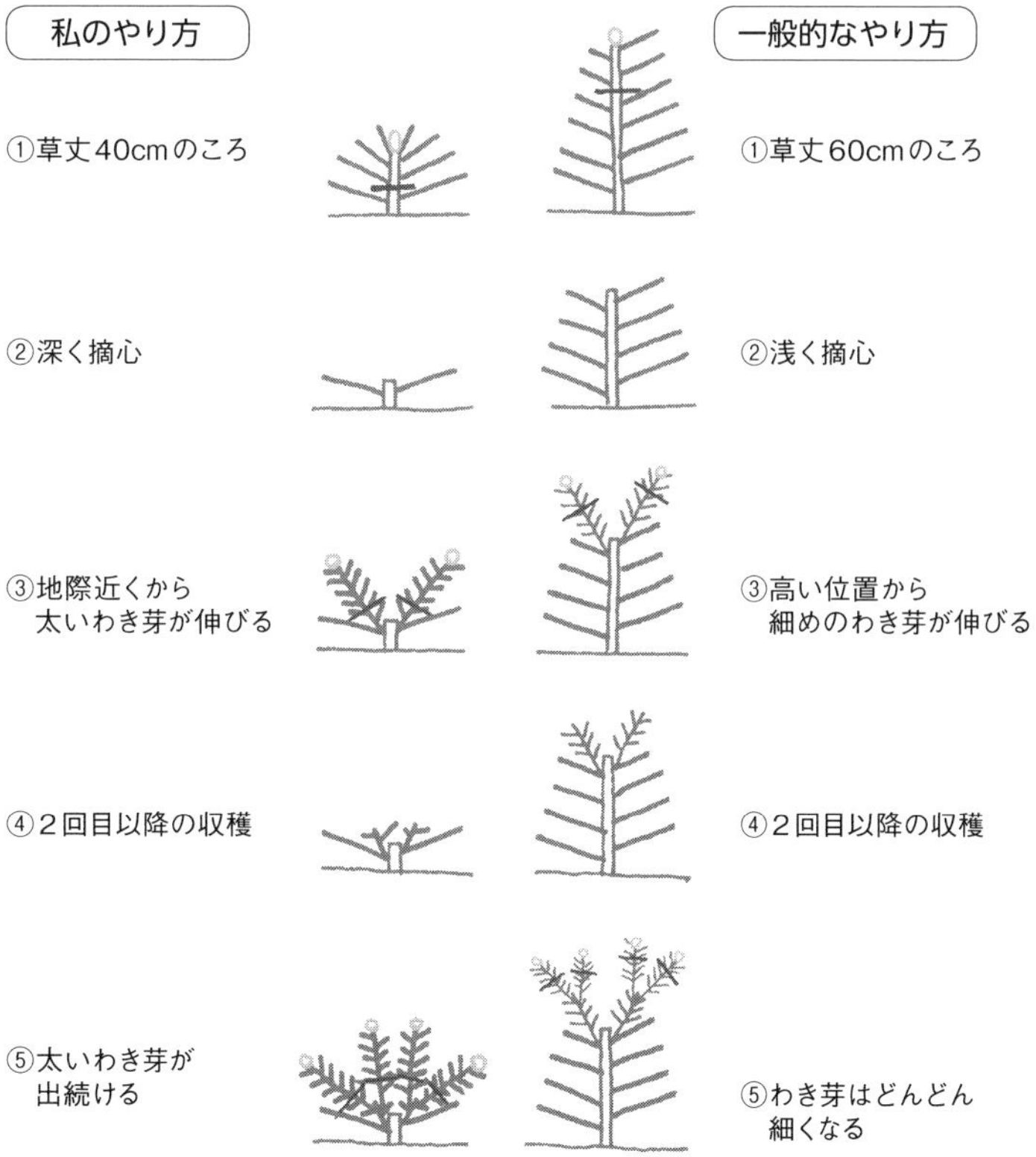

図２−２　収穫の違いとわき芽の伸び方

深摘心・切り戻しをしたのらぼう菜
4月中旬の姿。すでに何度も収穫しているが、まだまだ太い芽が伸びてきている（Y）

一般的なやり方
4月中旬、まもなく収穫終了となる先細りの姿。伸びているわき芽はかなり細い（Y）

●1株当たりの重量の比較

4月中旬の1株の収穫量を比較。深摘心・切り戻しをしたのらぼう菜は太く、本数も多い。重量は深摘心・切り戻しをしなかった株の5倍に達する（依田賢吾撮影、以下Y）

最初の収穫は、地際5〜10cmで「深摘心」

2月下旬、摘心による1回目の収穫を行ないます。摘心が浅いと、次に出るわき芽がどんどん細くなってしまうので、私は「深摘心」をします（図2―2）。一番下の葉から5〜10cmと低い位置で思い切って茎を切ります。深摘心することで、2回目以降のわき芽収穫の時も、太ものが採れます。

2〜3回目は、1回目の切り口の上の一番下の葉（親葉）を残して収穫。すると、太いわき芽が伸びてきます。私は、同じ株から10日に一度のペースで計5回収穫しています。

3月下旬からの「切り戻し」で、後半も太茎に

3月下旬、暖かくなってくると、わき芽の生長スピードが速まって、上へ細く伸びようとします。この時期は、わき芽の上部だけ切り取って収穫する人が多いのですが、それでは細くて硬い、旨味の少ないわき芽ばかりがどんどん出てきてしまいます。

定植1カ月後の12月下旬ののらぼう菜畑。乾燥が続いたため水を流し込む。地上部が水に浸かるほど水浸しになるがすぐに水はひき、すくすく生長し続ける。田んぼならではの豪快な水やり方法

この時期にも太ものを収穫するためには、切り戻しを行ない、生長点をできるだけ低い位置に維持することが大切です。わき芽を先端から25㎝くらいの長さで収穫したら、そのわき芽の付け根近くまで折り取ります。この「切り戻し」作業を行なうことで、次も低い位置から太くやわらかなわき芽が出てくるのです。

4月中旬、私と他の生産者の1株分の収穫量を比較すると、私は500gあるのに対し、他の人は100gでした。摘心や収穫時にカットする位置しだいで、重量に5倍もの差が出るのです。

乾燥時は水を思い切って与える

のらぼう菜は水の好きな作物なので、雨がなく乾燥した日が続くとなかなか大きくなりません。私の畑はもともと田んぼなので、乾燥時は思い切って水口を開け、水を入れてしまいます（ウネ間かん水）。地面が水浸しになっても大丈夫。のらぼう菜は、生き返ったように、もっとイキイキ生長し続けます。

播種・育苗——鉢上げで根を強くする

根の先が
切れることで、
強くなるんだよ
NOSAI

播種は苗箱にばら播き

のらぼう菜のタネ播きは、夏の終わり。まだ気温が30℃を超えている8月下旬～9月中旬に行ないます。これより早く播くと、せっかく出た新芽が、アオムシなどの食害に遭ってしまいます。

たくさん作りたい場合は苗箱に。家庭菜園やプランターで栽培するなら、ポリポットに播くとよいでしょう。園芸用培養土にタネをパラパラばら播きし、薄く覆土をした後、水をたっぷりかければ、3日ほどで小さな双葉が顔を出します。

移植は手早く、思い切りが大事

播種から2週間後。9月中旬から10月中旬にかけて、本葉が2～3枚出てきたら、ポリポットに移植します。この時私は、腐葉土のみを使用しています。この段階で養分は必要なく、病原菌のいないクリーンな培地であることが大事です。しっかり発酵させた、病原菌のいない新しい腐葉

●のらぼう菜　苗の鉢上げ

①播種から2週間。苗箱いっぱいに葉が広がっている

②大量の腐葉土の上に苗を取り出す

③土の上に一本ずつ苗を並べていく

④腐葉土ごとポットへ移し、上からまた腐葉土をかける

⑤移植したら、日当たりのよいハウスに並べる

土を使ってください。

苗を箱やポットから取り出して移植する時、どうしても直根や細い毛根を切ってしまうので、心配になります。同じアブラナ科の中でもハクサイは移植に弱いのですが、のらぼう菜は移植に強い作物です。根を切って、刺激を与えることで新しい根が増え、強くなるのです。

この時期になると、うちのハウスに大量の腐葉土が運び込まれ、苗作りが進みます。その数は5000鉢にもなります。11月の畑への定植や、多摩区内の小学校の食育授業、直売所での苗の販売に向け、大きく育てるのです。

箱いっぱいに葉を広げた苗を一本ずつ取り出し、3号（直径9cm）のポリポットへ。白い根を腐葉土ごと鉢底に着地させ、すかさず土をかけ、株元を手で押さえ落ち着かせ、たっぷり水を与えます。

慣れない人は、おそるおそるゆっくり移植しがちですが、それでは根を乾燥させてしまうので逆効果です。根の先が多少切れてもかまいません。失敗を恐れず、移植は、手早く思い切りよく、そしてやさしくやることが大事です。

移植直後はダメージを受け、クタッとしおれたように見えますが、2〜3日後にはシャキッと立ち直り、生長し始めます。土の表面が乾いたら水をたっぷり与えてください。

大苗定植、冬の追肥で株を大きく育てる

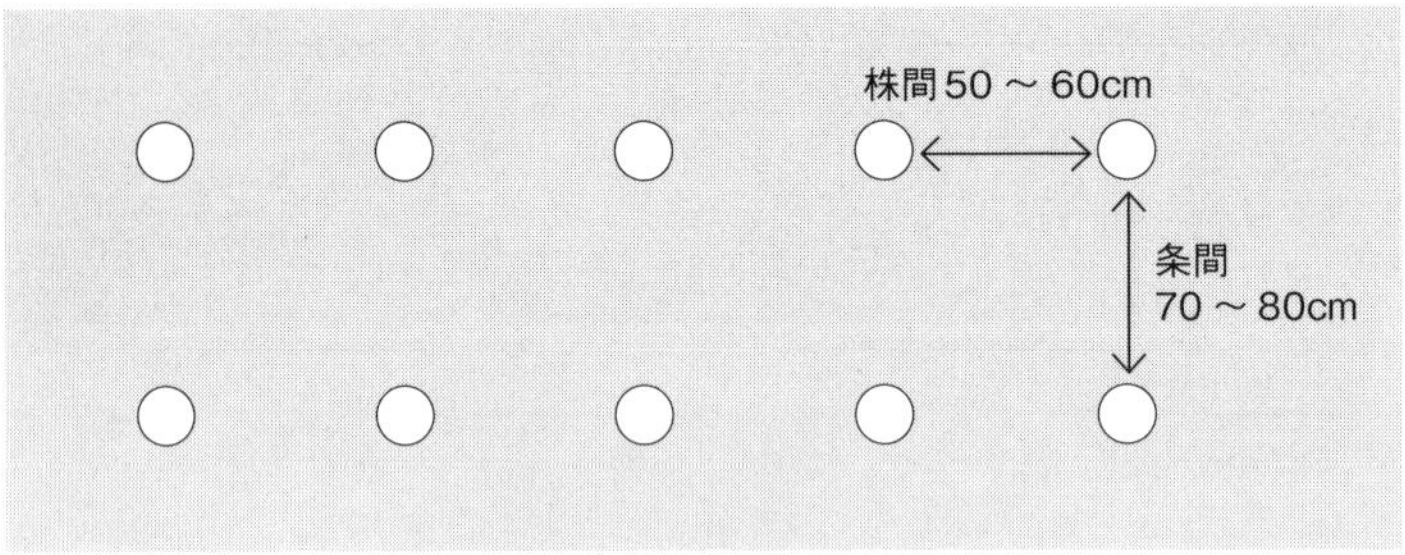

図2－3　畑の作り方

図2－4　定植のコツ
横から見た図。茎葉の下に土を入れて土台を作り、根の部分に土を被せて足で踏む
（イラスト：日比野 敦）

秋に大苗を植え付ける

10月中旬～11月上旬。本葉が5～6枚、草丈20～30cmに育った大きな苗を植え付けます。育苗ポットの底から白い根が回っているのが見えたら、定植の合図です。伸びすぎて茶色くなっていたら、苗の老化が始まっているので、遅れないよう気をつけてください。畑に堆肥などをすき込む場合は、定植1カ月～2週間ぐらい前に行なっておきましょう。

畑の準備

昔、私が米や麦を栽培していたころは、稲ワラや麦ワラをすき込み、養鶏をやっていたころは、鶏ふんをすき込んでいました。稲作をやめ、のらぼう菜だけを栽培するようになってからは、収穫終了後に畑に残った残渣と、株間に生えていた雑草をよく粉砕しながら土にすき込みます。その場にある草や雑草を、緑肥として土に還《かえ》して、土の栄養価や保水力、排水力を高めます。そして11月の苗の定植を

●定植のやり方
（2019年10月23日
於・川崎市農業技術支援センター）

条間に合わせて張ったロープに沿って、鍬を使って深さ15～20cmに溝を切っていく

東または南に苗の先端を向けて、葉の下に「枕」になるように土を入れながら苗を横向きに寝かせる

待ちます。

長年のらぼう菜を育てているうちに、定植前に元肥や堆肥を入れて長く効かせるやり方から、元肥なし（緑肥のみ）で追肥を3回与える方法に変わってきたのです。

定植の手順――株間、条間を思い切って広く

私は株間50～60cm、条間は70～80cmとって定植します（図2―3）。これは一般的なキャベツやブロッコリーの間隔よりも広いですが、これくらい思い切って間隔をあけたほうが、株どうしの葉が重ならず、葉に光がよく当たって大株になり、収量も多くなります。

定植の具体的な手順は以下の通りです。

①圃場にまっすぐロープを張り、70～80cm間隔で印をつけていきます。厳寒期の栽培なので、草除《よ》けのマルチは張りません。

②ロープに沿って、鍬で溝を掘っていきます。深さは15～20cm前後。手のひらがすっぽり隠れる程度です。

③溝の中に、50～60cm間隔で苗をポリポットごと寝かせて置いていきます。この時、ウネが南北方向なら苗の先端を南へ、東西方向であれば、東へ向けて置きましょう。のらぼう菜の葉が、できるだけ日光を浴びる向きに、最

苗のポットを外し、根の部分に土を被せ、上から足で踏む

ウネの南方向に一定間隔で植え付ける。これで通路の下に根が伸びることがなく、根を傷つけない

初から配置するわけです。定植時、苗の先端を北や西に向けると、のらぼう菜の根はウネからはみ出し、ウネ間の通路の下へと伸びていきます。すると、作業中に長靴などで通路を踏みつけ、土を圧縮することで、根が傷み、株全体に酸素がいきわたらず、生長が阻害されます。定植時のちょっとした植え付けの方向が、後の収量を左右するのです。

④苗を溝に寝かせたら、葉の茂った「頭」の下に、ちょうど「枕」のように土を盛って寝かせて上を向かせ、ポットを外して根の上から土をかけ、その上から足で1回「グッ」と踏み込みましょう（図2－4）。それが根の活着を促します。

追肥は12～2月まで月1回

12月の冬至が過ぎ、新年を迎え、一年で最も寒いといわれる「大寒」を迎える20日過ぎ。定植した苗は、葉を広げて、地面にべたーっと貼りついてしまいます。

「このまま凍って、枯れるのでは？」と心配になるかもしれません。でも大丈夫。のらぼう菜は、ちゃんと生きています。これは「ロゼット」という状態。葉をめいっぱい地面に貼りつくように円盤状に広げ、日光を受けて光合成し

●追肥のやり方

1株に対して、粒状の有機入り化成肥料をひと握り

通路の少し株寄りにばら播きしていく（Y）

12月、地面に貼りつくように葉を広げ、ロゼット状になったのらぼう菜。この時期から月1回追肥を行なう

続けているのです。また、大気より温かい地面に貼りつくことで、葉面の温度を保つ効果もあります。

株に栄養分を蓄える充電期間も根は動いて養分を吸収し、寒さの中で光合成を進め、少しずつ生長しています。この時期に追肥を行ない、長期収穫できる大株に育てていきましょう。私は12、1、2月と、月1回のペースで計3回追肥を施しています。

ちなみに私は、有機質肥料と化成肥料を程よくブレンドした「有機入り野菜つぶ配合026（相模肥糧㈱）」という緩効性肥料を愛用していて、これを1株当たり手のひらにひとつかみ株元に散布しています。3月以降は追肥は行ないません。冬の時期の施肥が、春以降もじわじわと効くためです。

2月半ばにさしかかり、きちんと寒さに当たったら、いよいよ花芽分化が始まります。栄養生長から生殖生長へスイッチが切り変わり、株の中心から花芽が上がってきたら、いよいよのらぼう菜の収穫が始まります。

最初の収穫は「深摘心」で

ノコギリ鎌はヒモをつけて首からさげるとなくさない

太ものをより長く収穫するには

厳寒期に生長し、野菜が少ない端境期に直売所などで販売できる。それがのらぼう菜の強みです。ところが、最初のうちは太くてやわらかいのに、4月に入って気温が上昇すると、細く硬くなってしまうのが難点。形状がどんどん変わり、1袋350～400g前後で販売していても、袋に入る本数がどんどん多くなっていきます。

時期によって姿形が変わるので、「どれが本当ののらぼう菜？」と、首をかしげる人も少なくありません。在来野菜として地元の人に愛され続けてきたのに、規格を揃えるのが難しい。そのため、大量出荷に適さず、なかなかブランド化に至らない…。それもまた、のらぼう菜の宿命でもありました。

できるだけ「太もの」を、より長くとりたい。そんな願いから私が編み出したのが、最初に収穫する花茎を、地面に近いギリギリの地際のポイントでカットする「深摘心」という方法です。

一番下の葉から5～10cmの位置で鎌を入れ、ざっくりと深く摘心する

摘心後の切り口は直径2cm以上。切り口の横から新たにわき芽（○印）が伸びてくる

最初の花芽を深く切る

2月下旬、のらぼう菜は膝丈ぐらいに生長していて、真ん中から生長点が、ぐんぐん上がってきます。これが「トウ立ち」。花芽分化が始まって、花を咲かせ、タネを実らせる生殖生長の始まりで「抽台《ちゅうだい》」とも呼ばれています。

最初に上がってくる芯は、真ん中の一本だけ。これが最も太く美味しいのらぼう菜になるのですが、これのどこを・どうカットするかが、その後の収量や品質を大きく左右します。

最初の収穫の時は、葉を地面から20枚ほど残し、株の中心に上がってきた花芽を、ノコギリ鎌を使ってできるだけ低い位置でざっくりカットします（一番下の葉から5～10cm上）。この段階で残した葉が、株全体の「親葉」となります。

この時の切り口の断面は、直径2・5～3cm。あまりに深く、太くカットするので、初めて見る人は「こんなに深く摘心したら、株そのものが弱って枯れてしまうのでは？」と心配になるかもしれません。でも大丈夫。

この「深摘心」と呼ばれる方法は、偶然から生まれました。ある時妻の寛子が、のらぼう菜を収穫していると、思わず手が滑って芯を太くズバッと切ってしまいました。

1回目の収穫では、30cm以上の花茎を収穫できる（Y）

2回目の収穫では、1株から9個もわき芽が収穫できた（○印。Y）

「ああ、この株はダメになるなあ」と残念に思いました。ところがその株は依然として元気で、カットした断面のわきから、にょっきり太い新芽が伸びてきたではありませんか。それ以来、深く摘心することで、太い花芽を伸ばすこの方法で栽培し続けてきました。

最初の摘心が直径2cm以下の「浅摘心」になると、切り口から細いわき芽がどんどん生えてきます。花茎の本数は多いのですが、甘さとやわらかさに乏しく、収穫できる期間も短くなってしまいます。

植物はみな、一番高いところに生長点を持っていて、下のわき芽の生長は抑えられています。生長点を摘心すると、その下にあるわき芽の生長が始まりますが、浅く摘心するとわき芽の伸びは弱く、深く摘心すると強くわき芽を伸ばす特性を持っています。だからできるだけ地際近くの低い位置で収穫して、下からわき芽が出るようにしてやると、太くなるのです。

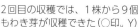

2、3回目は、親葉を残してカット

最初の収穫を終えてしばらくすると、摘心した断面の周辺から小さなわき芽が3本以上伸び出して、太い花茎に育ちます。10日後には長さ30cm前後に生長。その茎の一番下

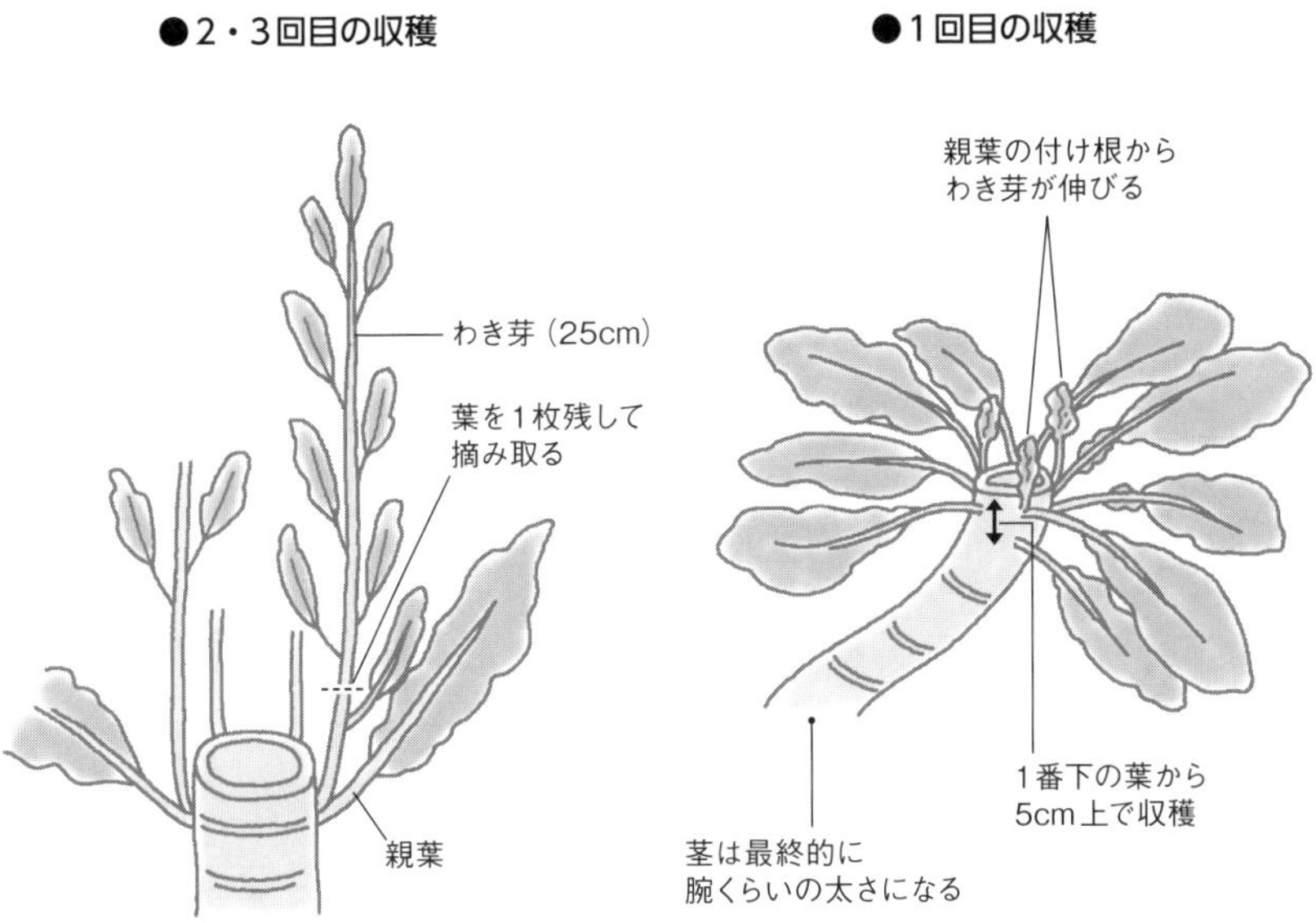

図2－5　のらぼう菜の収穫のイメージ

の葉を残し、長さ約25cmに切り取ります。鎌は使わず、親指の爪でキズをつけ、手首のスナップを利かせてパキッと手折るのがコツ。すると再び切り口周辺からわき芽が伸び出すので、その10日後に3度目の収穫を行ないます。

2、3回目の収穫で注意するのは、一番下の葉を残して花茎をカットすること。それが親葉となり、光合成することで、次の花芽の生長を促すのです。3月下旬ごろまでは、この方法で太い花茎を採り続けることができるのです。

冬の寒さの中で育ち、ようやく伸び始めた花芽を切られても切られても決してしおれず、次々とわき芽を出して伸びてくるのらぼう菜。その収穫作業は、まるでのらぼう菜との戦《いくさ》のよう。どちらも必死です。

私は、食育の授業で川崎の小学生たちに向き合う時、

「何度切られてもまた、『何くそー』ってまた生えてくる。そんなのらぼうから、生きる力を学んでほしい」

ずっとそう伝え続けています。

収穫後半の「切り戻し」で、最後まで太ものを採る

4月中旬の私の畑ののらぼう菜。株は低く、花茎も太いものが出ている（Y）

3月下旬から「切り戻し」を

3月も下旬を過ぎると春の気配が訪れます。徐々に気温が上昇するのに伴って、のらぼう菜のわき芽の生長スピードは速まり、長く、大きく伸びていきます。

この時期に1～3回目のように、花茎の上から25㎝だけ切り取ると、上の方に残った葉の付け根から、細く、旨味のないわき芽が何本も伸びてきて、過繁茂の状態に。これを収穫しても売り物になりません。これがのらぼう菜を作る人たちの悩みのタネでした。そこで4回目以降は、1～3回目にはなかった「切り戻し」という作業を行ないます。

まず、伸びてきた花茎はとても長いので、上から25㎝くらいで切り取って収穫します。続いて残った下の茎を、付け根から1枚葉を残して折り取ります（図2—6）。手で摘んでも、鎌で刈ってもよいでしょう。ここは筋張っていて売り物にはならないので、そのまま破棄します。

上のやわらかな部分を摘み取り、下の部分は切り取る。このように収穫と切り戻しを同時進行で行なえば、切り口

●4回目の収穫

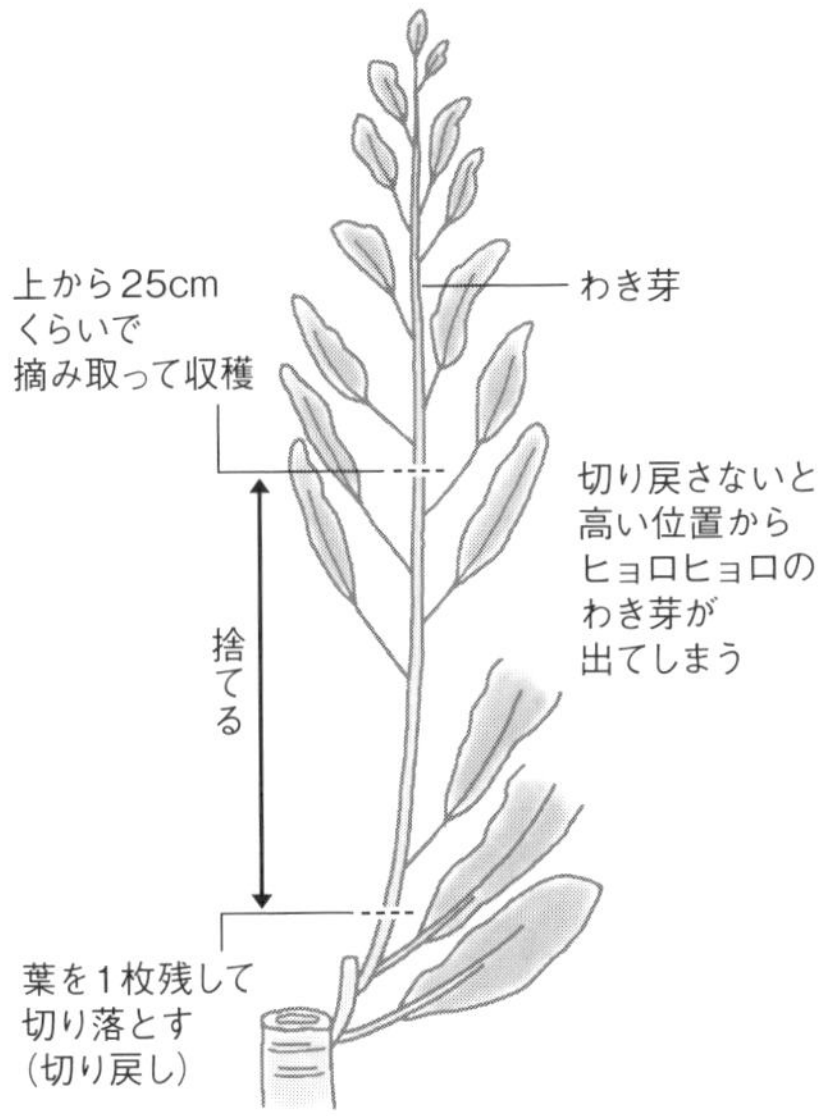
上から25cm
くらいで
摘み取って収穫
わき芽
切り戻さないと
高い位置から
ヒョロヒョロの
わき芽が
出てしまう
捨てる
葉を1枚残して
切り落とす
（切り戻し）

図2－6

この葉を1枚
残して摘む

この時期は上から25cm収穫した後、残った茎を最初の葉1枚を残して切る（切り戻した部分は捨てる。Y）

収穫した4月ののらぼう菜。茎は太くやわらかい（Y）

の周囲から、また太い新芽が伸びてきます。

過繁茂を抑え、GWまで収穫

切り戻し作業は、株の過繁茂と花茎の大量発生を抑えるので、春先の収穫負担を低減する効果もあります。

一見、二度手間のようですが、のらぼう菜のわき芽は、株元に近い位置から出たものほど太くなります。つまりひと手間かけて生長点をなるべく低い位置まで切り下げることで、太くてやわらかなものを、収穫し続けることができるのです。

4回目の収穫できっちり切り戻しを行なうと、5回目も太くてうまいのらぼう菜を収穫できます。他の農家は4月中旬でおしまいですが、私は5月の連休明けまで採り続けます。やわらかいので最後まできっちり売れます。

5度目の収穫が終わるころ、株元は大人の腕ほどの太さまで肥大しています。播種から約8カ月、がっしりと株を作り、花芽を出し、多くの人を楽しませてきたのらぼう菜のシーズンは、ようやく終わりを告げるのです。

病害虫と鳥害対策

鳥による食害。のらぼう菜の葉がボロボロに
(写真提供：明治大学農学部野菜園芸学研究室、左ページ※も)

虫よりも鳥の害に要注意

のらぼう菜の栽培期間は、秋から翌春まで。株が生長するのはおもに厳冬期で、他の作物に比べると、虫による食害はあまり見られません。

ただし、夏が暑かった年は、定植まもない苗に、アブラムシ類やコナガ、ヨトウムシ、ハスモンヨトウなどの食害や、白さび病、べと病などの病害が発生するおそれがあります。私は育苗時に害虫が発生した時のみ農薬を1回使います。多くてもこの1回きりです。

気をつけたいのは、むしろ鳥たち。年を越した1月半ば、ヒヨドリなどの鳥たちは、庭木の柑橘類や取り残した柿など、果樹を狙って降り立ちます。それらも食べ尽くし、いよいよ何もなくなってしまうと、彼らはブロッコリーやキャベツなど、寒さに当たって甘味を増した、冬野菜に狙いを定めて舞い降りるのです。

虫と違い、鳥の害には農薬がありません。地域によって状況は異なりますが、鳥害が避けられなければ、寒冷紗や

鳥よけの寒冷紗を張っているようす（※）

のらぼう菜の隣に、シュンギクを植える

ベランダののらぼう菜に鳥のカカシを立てる

不織布、ネットなどをかけて防ぎましょう。

コンパニオンプランツ、鳥のカカシ

かつては畑全体に防鳥網を張ったこともありましたが、高齢となった今ではやっていません。それでも鳥からのらぼう菜を守り抜かなくてはと、あの手この手を考え、２０１９（令和元）年からシュンギクの苗をのらぼう菜と一緒に畑に植えています。いわゆるコンパニオンプランツです。先にシュンギクを食べて「苦い！」と思ったら、鳥はもう寄ってこないはず、との考えです。ヒヨドリ被害は少なく、シュンギクもサラダで食べられるほど美味しく、自宅前の直売所でも売れました。一石二鳥ですね。

また、私からのらぼう菜の苗を購入して、ベランダで育てているお客さんから「鳥に食べられてしまう」という悩みを聞きました。そこで私は紙に鳥の絵を描いて「ヒヨドリだよ。段ボールに貼って吊るしておくといい」と言って手渡しました。

鳥は縄張り意識が強いので、別の鳥がいるとわかれば寄ってこないだろうと考えたのです（田んぼのカカシの鳥バージョン）。おまじないのようなものですが、数日は効果があったそうです。

のらぼう菜のタネを採る

菜の花が終わったら
いよいよタネ採りの
季節！

6〜7月に地上部を刈り取る

5月の連休を過ぎると、のらぼう菜の収穫作業は終了。黄色い菜の花が、満開に咲き出します。でも私の仕事は、これでおしまいではありません。来年、再来年、そして未来へつなぐ、大事な「タネ採り」が待っています。

5月末から6月のはじめに菜の花が散ると、緑色の莢《さや》ができ、だんだん膨らんできます。先端から徐々に乾き始め全体が茶色くなれば、タネが結実した印ですが、水分が抜けて莢が弾けると、タネが地面にこぼれ落ち、鳥に食べられてしまいます。

莢が弾ける前のタイミングを見計らって、茎を根元からカットして、ハウスの中へ。ビニールシートにのせ、乾燥させると、タネはパラパラとこぼれ落ちます。

とはいえそこからゴミとタネをより分けるのは、大変な作業。大きなゴミは手で取り除きますが、莢や茎などの小さなゴミは、手ではなかなか取れません。

目の粗いフルイから、だんだん細かいのに代えて、何度

莢が弾けてタネがこぼれる前に、刈り取ってハウスの中へ。ビニールシートの上で乾燥させると、自然にタネがこぼれ出る

箕を使って、タネとゴミをより分ける（S）

何度もふるって、タネだけの状態に（S）

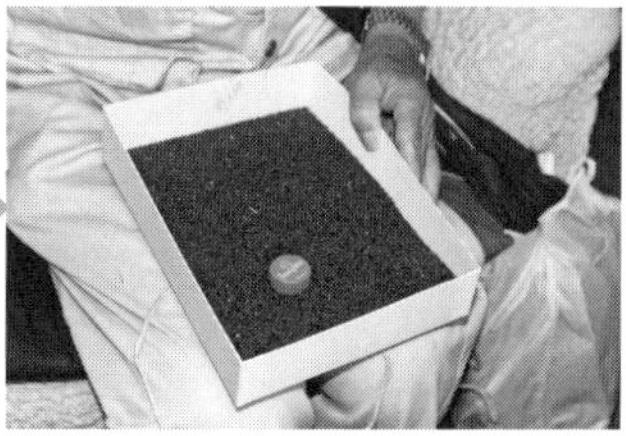

選別したタネは、菓子箱に入れて保存する

もふるってゴミを取り、最後は箕《み》を使ってより分けています。自宅前にある「菅郷土資料館」（68ページ）には、昔ながらの農具がたくさん残されていて、タネ採り作業には、目の大きさの違うフルイや箕が、今も活躍しています。

採種場所は隔離する

私の場合、採種用の株は、栽培用の畑とは別の山合いの場所で育てています。長年の経験から、同じアブラナ科でも、ダイコンとは交雑しませんが、ブロッコリーやキャベツと混ざることがあると考えているからです。極力それらから隔離するのが望ましいのですが、難しい場合は、畑の中で質のよい花茎を残し、開花前に紙袋などをかけて交雑を防ぎ、結実して莢が枯れたら、タネを採るようにします。

タネを採り続けて70年。私が育ててきた川崎市の「No.6」は、毎年欠かさずこの作業を繰り返してきた営みの結晶です。選別したタネは、菓子箱に入れて保存しています。みなさんもぜひ自身でタネ採りを続けてください。その土地に馴染んだ、強いのらぼう菜になっていきます。

プランターで栽培しよう！

基本的に毎日水やりを

「広い畑や庭はないけど、のらぼう菜を育ててみたい」という人は、ベランダでプランター栽培に挑戦しましょう。ひとつの苗につき、8～10号（直径24～30cm）と大きい鉢に植えてしっかりとした株に育てるのがポイントです。

のらぼう菜は水をほしがる作物です。プランターや植木鉢は、畑よりも容量が少なく、土が乾燥しやすいので、基本的に水は毎日あげてください。追肥も畑よりも短い間隔で与えましょう。20日ごとに3本指でつまめる程度の量を、鉢の周囲に置いていきます。

育てているのがたとえ1株でも、鳥は目ざとく見つけてやってきます。ネットを被せて防鳥対策を。

基本は畑で育てる場合と一緒。深摘心や切り戻しを行なって、出てきた花茎を収穫すれば、サイズはちょっと小さめですが、4月下旬まで楽しめます。とれたての新鮮なのらぼう菜を味わいましょう！

用意するもの

丸鉢	8～10号（直径約24～30cm）
市販の培養土	「やさいの土」など、必要な成分、用土がバランスよく配合されているもの
ゴロ土	粒の大きな赤玉土がベスト。 鉢底石でも代用可
のらぼう菜のポット苗	本葉5～6枚、20～30cmのもの
粒状の緩効性肥料	追肥用。できれば有機質肥料と化成肥料をブレンドしたもの（「有機入り野菜つぶ配合026」など）
防鳥用ネット	鳥害対策に

1　苗を鉢に植える（10月下旬～11月）

①鉢底にゴロ土を敷き、鉢の半分くらいまで培養土を入れる
②苗をポットから取り出す
③鉢の中央に②の苗を入れ、まわりに培養土を入れる
④たっぷり水やりし、日当たりのよい場所に置く

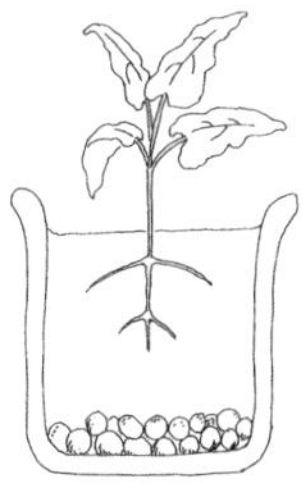

2　水やりと追肥を続ける（12月～2月）

・のらぼう菜は、水をほしがる作物なので、基本的に毎日水やりを
・追肥には、粒状で緩効性の肥料を。20日ごとに、3本指でつまめる程度の量を、鉢の縁沿いに置く。肥料は回数を追うごとに少しずつ増やす

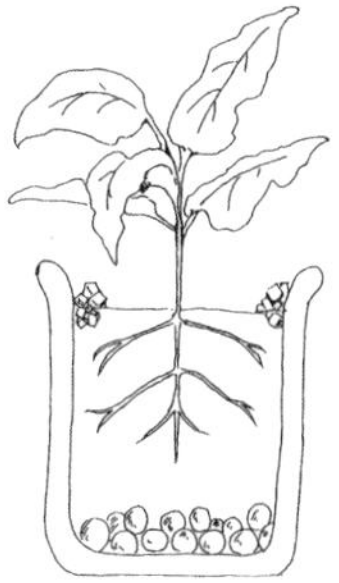

3　鳥害に備える（1月下旬～2月）

・ヒヨドリなどが、やわらかい葉を食べにくるので要注意。1月下旬ごろからネットで鉢ごとすっぽり覆う
・葉っぱは多少食害を受けても大丈夫だが、中央の芯を食べられるとダメージが大きい

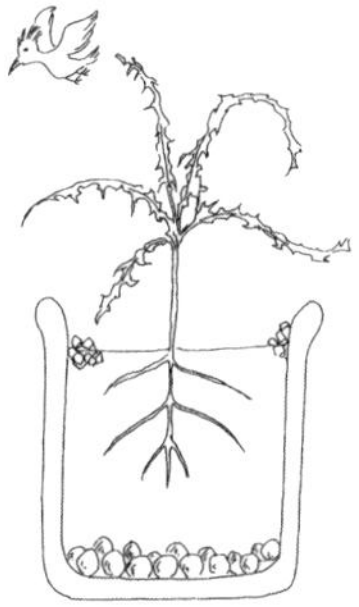

4　収穫（3月上旬～4月下旬）

・高さ25cm程度、葉が20枚前後に展開したら、包丁やハサミを使って、主茎を地際から5～7cmで摘心
・わき芽が出たら順次収穫していく。できるだけ地面に近い位置でカットすると、太く、やわらかな花茎を、長期間収穫できる

※タネから育てる場合は、9月上旬に9cmのポリポットに1粒ずつタネを播き、本葉5枚程度で大きな鉢に定植（詳しくは32ページ参照）

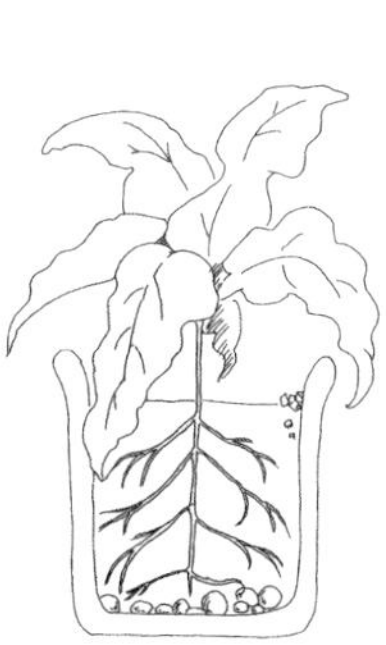

（イラスト：日比野 敦）

深摘心をすべてのナバナ類に！

有機農園けのひ
代表　北原 瞬

私は、2011（平成23）年に東京都八王子市で農業を始め、その後、神奈川県の愛川町に移転して「有機農園けのひ」という屋号で活動しています。

大学卒業後、一般企業に就職したのですが、私自身、環境問題への関心が高かったことと、妻の食の安全への関心を追求した結果、有機農業に出会い、就農を決意しました。生態系の多様性を守り、生かしながら、なるべく環境負荷を抑えて持続可能な方法で行なっていく有機農業は、単に仕事としてだけではなく、生き方として魅力的に映ったのでした。

のらぼう菜とは、八王子で営農しているころに出会いました。江戸・東京野菜として受け継がれている、「武蔵五日市晩生」というタネです。毎年秋になると地元の方が当たり前のように播いていたこともあり、多種多様なかき菜の中から迷わず選んでいました。秋のお彼岸ごろに露地畑にダーっとタネを播き、冬は防寒の必要もなく、春のお彼岸ごろに収穫が始まる。手のかからない野菜のひとつです。

そんな中、明治大学で開催された「のらぼう菜セミナー」にて、深摘心の技術を習い、実践したところ、明らかにその後の太さ・収量に影響が出ることがわかりました。またこの技術は、トウを立てるアブラナ科野菜全般に応用できることもわかり、今では春先に収穫するナバナ類すべてに深摘心技術を利用しています。

武蔵五日市と川崎ではタネが異なるという話を耳にしましたが、寒冷な愛川町では武蔵五日市のタネを採り、さらに土地に馴染ませていくつもりです。今ではたどりきれないほど昔の農家から、脈々と受け継がれてきたのらぼう菜のタネを、この土地で次の世代につないでいきたいと思っています。

第3章

のらぼう菜の美味しい食べ方・加工

この章では、川崎市でのらぼう菜を盛り上げようと活動している方々に、のらぼう菜のレシピ、商品化のアイデアなどを紹介してもらいます。

のらぼう菜のかんたんで美味しい食べ方

◎大橋ゆり

甘くやわらかいのらぼう菜は、生がオススメ

のらぼう菜は葉っぱも茎もまるごと食べられますが、特に味わってほしいのが「茎の甘さ」です。

3月の収穫初期ののらぼう菜は特に甘〜くやわらかいので、葉っぱも茎も手でちぎって生のままサラダに使うのがオススメです。春に出まわる柑橘類との相性も抜群です。細かく刻んで浅漬け風にすると鮮やかな緑が食欲をそそります。

もともと油をとるために作られていた野菜のせいか、油との相性もよく、パスタにからめる食べ方も人気があります。炒めものや春の野菜天ぷらもオススメです。

ほんのりとした甘さとやわらかさは子どもにも人気。のらぼう菜を生でパクパク食べる子どもの姿に「うちの子、野菜嫌いなんですけど……」とお母さんもビックリです。

大橋ゆり（のらぼう菜料理研究家）
スパイスカレー ムビリンゴ店主（川崎市多摩区）。人気のアジアン料理を独自のセンスでアレンジした野菜たっぷりの家庭料理が中心。のらぼう菜の「茎」、「葉」とそれぞれにあわせた美味しい食べ方を研究。

ごはんの友

炊き立てのほかほか
ごはんにのせて

［材料］

のらぼう菜…200g
細切りの塩昆布…15g
ごま油…大さじ2
白ごま…10g
白だし…小さじ1

［作り方］

1 のらぼう菜は葉先から根元まで細かく刻む
2 塩昆布、ごま油、白ごま、白だしと混ぜ合わせ、30分から一晩おく

のらぼう菜の青菜炒め

のらぼう菜のかんたんで美味しい
食べ方“イチオシ”の一品

［材料］ 4人分
のらぼう菜…400g
にんにく…1～2かけ（みじん切り）
赤とうがらし…少々（輪切り）
ごま油…大さじ2
鶏ガラ顆粒…小さじ2
塩…適宜

［作り方］
1 のらぼう菜は茎の太い部分は1～2cm、それ以外は3～4cmに切っておく
2 フライパンにごま油、にんにく、赤とうがらしを入れて香りが出るまで炒める。太い茎の部分から先に1分程度炒め、残りの葉と鶏ガラ顆粒を入れて強火で炒める（焦がさないように）。最後に塩で味を調える

のらぼう菜と厚揚げの韓国風サラダ

ピリ辛ドレッシングと
甘～いのらぼう菜の競演

［材料］ 4人分
のらぼう菜…200g
玉ねぎ…1/4個（薄切り）（あれば新玉ねぎ）
にんじん…1/3本（せん切り）
厚揚げ…1枚（150g位）
● 韓国風ドレッシング
酢…大さじ2　しょうゆ…大さじ2
コチュジャン…小さじ2
砂糖…小さじ2　ごま油…大さじ3
白いりごま…適宜

［作り方］
1 のらぼう菜の葉は4～5cm、茎の太いところは縦半分に切る
2 のらぼう菜、新玉ねぎ、にんじんをあわせ、水分を切っておく
3 厚揚げを縦3等分にし、厚さ8mm程度に切り、フライパンに油を入れ、両面カリっとなるまで焼く
4 ボウルにドレッシングの材料を入れよく混ぜ合わせる
5 食べる直前に厚揚げを野菜に混ぜ、ドレッシングをかけて軽く和える

のらぼう菜としらすのペペロンチーノ

食べ応えのある甘い茎と旬のしらすのベストマッチ

［材料］ 4人分

のらぼう菜…400g
リングイネ（スパゲティでも可）
　…400g
しらす…100g
にんにく…ひとかけ（みじん切り）
鶏ガラスープ顆粒…小さじ1
赤とうがらし…適量（輪切り）
オリーブオイル…大さじ8
塩…適宜

［作り方］

1 のらぼう菜の茎の太い部分は2cmくらい、細い部分と葉は4cmくらいに切る
2 鍋にお湯を沸かし、塩を大さじ2加え、沸騰したらリングイネを表示時間より1分短くゆでる
3 その間にフライパンにオリーブオイルを入れ、にんにくと赤とうがらしを入れて焦がさないように弱火でじっくり炒める
4 香りがたってきたら火を中火にしてのらぼう菜を太い茎から先に加え炒め、続いて葉の部分も軽く炒め、しらすを混ぜ合わせる
5 ゆでたリングイネをフライパンに加え、ゆで汁大さじ8を加え、さらに1分程度炒める
6 お好みで塩を加え、味を調える
7 ふんわりと中高に器に盛って出来あがり

のらぼう菜と桜エビの豆乳スープ

かんたんで味わい深～い、
やさしい味の台湾風スープ

［材料］ ４人分
のらぼう菜…50g
豆乳…200cc
水…200cc　白だし…40cc
桜エビ…適量　白ごま…適量

［作り方］

1 のらぼう菜は茎の太い部分は1cm、そのほかは3cmくらいに切る
2 鍋に水と白だしを入れて沸騰させ、のらぼう菜を茎の部分から先に入れてゆでる。のらぼう菜がやわらかくなったら、豆乳を加え弱火にし、温まるまで煮る（沸騰させないこと）
3 器に盛り、桜エビと白ごまを散らす

冷凍でのらぼう菜を一年中美味しく食べる

のらぼう菜の収穫期は３～５月上旬。でも髙橋家では冷凍して、一年中食べています。妻の寛子の冷凍のコツを紹介します。

①のらぼう菜は茎から熱湯に入れ、葉っぱまで浸し、色が変わったら火を止める
②ザルにあげて流水で冷やしてから、ぎゅっと絞る
③料理で使いやすい長さ（和えもの、炒めもの用は、約３～4cm、汁ものの用は、葉っぱを細かく）に切り分けてから、保存袋に入れて冷凍する
④基本は自然解凍してから、もう一度水を絞って調理する。汁ものは解凍せず、煮立った汁にサッと散らすと青々とした色がきれい

髙橋家ののらぼう菜のおひたし
（依田賢吾撮影）

のらぼう菜を広めたい かわさきのらぼうプロジェクト

◉田中龍平

私は川崎市多摩区で育ち、社会人になってから地元を離れていました。35歳で戻ってきて初めて、のらぼう菜を知りました。

菅に髙橋さんという農家がいて直売をしていることを知り、買いに行きました。奥さんから「日にちがたつと〝しなっ〟となってしまうから直売にしか出ない。だから知られていないの」と言われたことをよく覚えています。

初めて買った髙橋さんののらぼう菜はおひたしで食べました。茎がとても太くやわらかい歯ごたえに感動し、さっぱりした中にほのかな甘味がある、こんなにも美味しい野菜が身近にあったことに驚きを覚えました。

のらぼう菜を多くの人に知ってもらいたくなり、２０１５（平成27）年4月、「スパイスカレー ムビリンゴ」の大橋ゆりさんと髙橋さんののらぼう菜を食べる会を企画しました。髙橋さんには、のらぼう菜の歴史や栽培方法などをお話ししていただきました。このイベントは毎年継続しています。

保存可能な加工品も開発すべきと考え、２０１６（平成28）年から「かわさきのらぼうプロジェクト」を立ち上げ大橋さんらと「のらぼうペースト」の開発に取り組んでいます。

髙橋さんの魅力は、何歳になっても「新しいこと」を発想していることだと思います。時には「田中君、ジュースもいいよ、家で試したら柑橘系と合うよ」などアイデアをいただきます。

イベントの時に髙橋さんからいただいた色紙には「初心を忘れるな、真っすぐに生きよ」と書かれていました。まさに髙橋さんの生きざまを現わしていると共感し、自分自身の人生の教訓としています。

「のらぼう菜を食べる会」のようす

あらゆる料理や味付けとの相性抜群 のらぼう菜づくしのプレート

◎大橋ゆり

のらぼうプレート（のらぼう菜の青菜炒め、のらぼう菜のスープ、のらぼう菜ペーストをのせた冷ややっこ）

のらぼうペーストをバゲットやオムレツにのせて

スパイスカレー ムビリンゴ
川崎市多摩区西生田1-9-1
電話　044-299-6858
営業時間　11：30～16：00ランチ
　　　　　17：30～21：30ディナー
定休日　月曜・火曜

のらぼう菜の美味しさと緑の美しさに魅了され、今では我が店の早春の風物詩となりました。

髙橋さんののらぼう菜を毎年25kgくらい購入し、6割をペーストにして冷凍保存。ジェノベーゼ風パスタやピザ、お豆腐にのせたりして年中使用します。青菜炒めやカレーも開発しました。のらぼう菜づくしのプレートは、毎年楽しみに待っているお客さまも多いです。生で食べるサラダも人気。旬ののらぼう菜はやわらかく、茎の太い部分まで生でポリポリ食べられます。季節の恵みを感じる野菜なので、調味料、香辛料は控えめにしています。

のらぼうペーストの商品化は、びん詰めで常温長期保存という課題をクリアするために、長い時間の熱処理を加える必要があり、仲間と何度も試行錯誤を重ねました。のらぼう菜の鮮やかな緑を出すことは難しくあきらめざるを得ない要素もありましたが、川崎を代表するのらぼう菜を商品化できたことは大変うれしくやりがいを感じています。

生ではさむと絶品　のらぼうサンド

◉茶野佐知子

私のお店では川崎産の野菜や果物を使ったベーグルを作っています。のらぼう菜との出会いは、かわさきのらぼうプロジェクトの田中龍平さんに「ぜひ髙橋さんののらぼう菜を使ってほしい」と熱くすすめられたのがきっかけです。

最初はのらぼう菜をベーグルの生地に練り込みました。でもいっこうに美味しくない。味が控えめなので、生地の味に負けてしまうんです。塩ゆで、生で入れるなどいろいろ試しましたが、納得のいく味には至りませんでした。

そこで発想を転換し、生ののらぼう菜をたっぷりはさんだベーグルサンドを作りました。のらぼう菜の繊細な甘さと初々しさが楽しめて、とても美味しいのです。味付けは塩とオリーブオイルがメインで、さらにおかかチーズ、くるみ味噌、ベーコンとチーズを一緒にはさむと相性抜群。今では春の看板商品となりました。

家で作る場合は、具材は均等に置くと味が平坦になるため、食材が多い部分と少ない部分を作り、のらぼう菜の茎がカットした時に見える向きに置くことがポイントです。

のらぼう菜がベーグルからはみ出す「のらぼうサンド」
シャキシャキした食感がやみつきになって毎日買いに来る人もいる人気商品。サンドが登場するのは旬の3～4月

ベーグルカンパニー
川崎市多摩区東生田1-2-12-101
電話　044-900-8700
営業時間　10：00～18：00
定休日　日曜・月曜

緑鮮やか　のらぼう菜カステラ　◎田口吉男

1948（昭和23）年に創業し、添加物を加えず安全な材料だけを使用し丹誠込めてお菓子を作り続けています。

のらぼう菜カステラは、「伝統野菜で地域農業を活性化し、地域を元気にしたい」という思いで2010（平成22）年に9商店が参加し、特産品13品目を開発した中のひとつです。

のらぼう菜は、春の収穫期に茎と葉に分けて水あめを加えながらフードプロセッサーでペースト状にし、カステラ生地に混ぜ込みます。鮮やかな緑色、しっとりとした食感と香りが魅力です。ペーストは冷凍保存し、通年で販売。

地元ならではのお菓子として、お盆や年末年始の帰省時のお土産やご進物としてかわいがっていただいています。

のらぼう菜がちょこちょこ顔を出す「のらぼう菜カステラ」。食後の香りがいいと評判

菓聖はしば
川崎市多摩区菅2-3-8
電話　044-944-2574
営業時間　9：30～18：30
定休日　水曜日

春の大人気商品　のらぼう菜キムチ　◎渥美和幸

子どものころから慣れ親しむ川崎コリアンタウンのキムチを残したいと、2003（平成15）年にオリジナルキムチ販売店「おつけもの慶」を立ち上げました。モットーは「野菜の数だけ、キムチはある！」

2019（平成31）年春、髙橋さんの畑を初めて訪ね、畑でのらぼう菜をかじった時の感動は今でも忘れられません。「これでキムチを作る」と即決。奥さんから「熱湯をさっとかけてから漬けると青々とした色が出る」と教えてもらいました。

お客さまからも大好評で、「のらぼう菜のキムチはないの？」と年中聞かれます。「のらぼう菜のキムチが出たから川崎に春が来た！」と言われるようにがんばります。

やわらかく甘味のある「のらぼう菜キムチ」

おつけもの慶
問い合わせ　大島上町店
電話　044-366-7737
受付時間　10：00～17：00
定休日　日曜日

のらぼう菜の鮮度を保つMA包装

明治大学農学部
野菜園芸学研究室

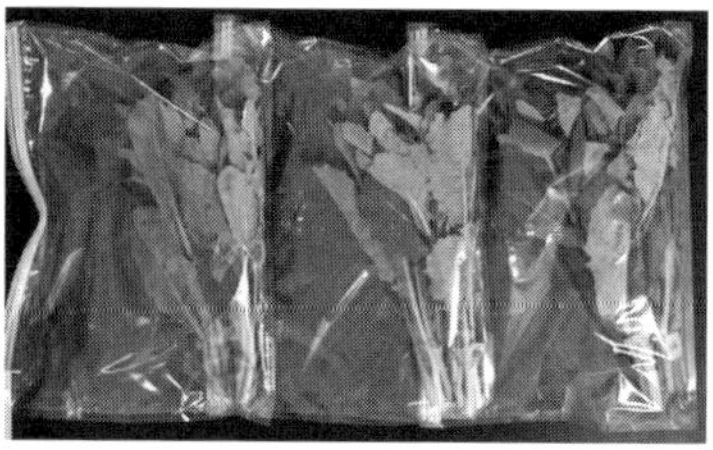

MA包装に入れたのらぼう菜（使用したのは野菜保存用ジッパー袋「P-プラス」、住友ベークライト㈱。写真提供：明治大学農学部野菜園芸学研究室）

のらぼう菜を販売する際、気になるのが「しおれ」。収穫したのらぼう菜は他の葉物野菜よりも呼吸量が多く、しおれや黄化など収穫後の品質低下が早いので、広域流通しにくいという課題があります。

そこで、明治大学農学部野菜園芸学研究室では、のらぼう菜の「鮮度を保持する資材に関する研究」を行ないました（25℃の暗条件で横置き）。

実験に使用したのは**①包装なし**、**②慣行包装**（川崎市内の直売所などで一般的に使われている口の開いたポリ袋）、**③有孔ポリ包装による密封**（袋の下に孔が数カ所開いている袋）、**④ＭＡ包装**（**微細孔**《びさいこう》**あり**）**による密封**の４種類。

その結果、収穫直後はいずれも「切り口がみずみずしく、葉や茎がしまっている」のですが、２日経過すると、①と②は「切り口が縮んでおり、茎および葉柄にしわが発生」し始めます。一方、③と④はまだ「切り口の乾きが見られ、葉のしおれが始まる」段階です。６日経過すると、①〜③は、「葉が激しくしおれ、変色し始めており、茎および葉柄にしわが激しく発生」しますが、④だけはなんとか①や②の２日目と同じ状態を保っています。④のＭＡ包装が最も鮮度保持効果が高いことがわかりました。

ＭＡ包装の「ＭＡ」とは、"Modified Atmosphere"の略。つまり表面の微細な孔により包装内のガス組成を適度な低酸素、高二酸化炭素の条件にすることで、青果物の呼吸速度を抑えて鮮度を維持できる袋です。これからはＭＡ包装によるのらぼう菜の流通の広がりが期待されます。

第4章

未来に紡ぐのらぼう菜

「食農教育は体力、思考力、忍耐力、持続力などの力と心も育む」。
この考えのもとに長年続けてきた、
食農教育の活動を紹介します。

「のらぼう菜」を川崎に残す!——小・中・高校への苗植え体験学習

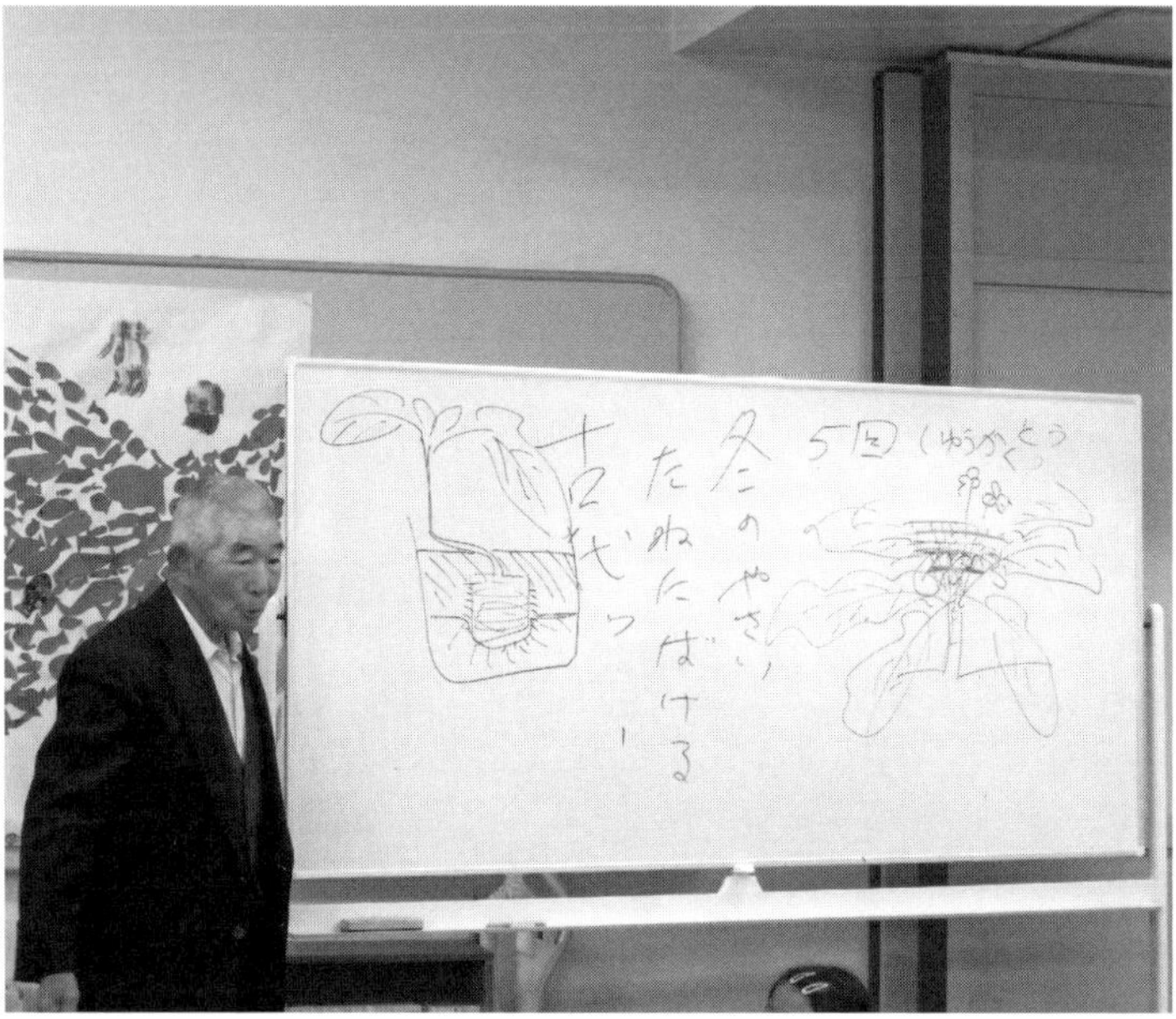

いつもスーツを着て気を引き締めて臨む

食農教育で、先生になる夢が叶う

私は1949（昭和24）年3月東京都立府中農業高校（現・都立農業高校）を卒業し、同時に小・中学校の代用教員の免許を取得しましたが、両親に説得され、教師になる道をあきらめ17歳で就農しました。

1979（昭和54）年ごろ、47歳になるころから学校に出前授業に行くことになり、教壇に立つという夢がようやく実現しました。毎年10月になると、自分で育てたのらぼう菜の苗をトラックに積み込んで、川崎市内の小学校に出前授業に出かけます。

対象はおもに小学2年生。「野菜を育てることで、野菜も自分たちと同じように命を持っていることを感じ大切にすることができるようにする」生活科単元を担当します。

出前授業は約40年前に川崎市立中野島小学校から始まり、立ち上げた先生が他の学校に異動すると、先生どうしの口コミで増え続け、現在は市内約20の学校へ行っています。

また、川崎市の道徳の副読本にも「のらぼうなを作るのう

多少水やりを忘れてもよく育つ、私ののらぼう菜の苗

食農教育への私の思い

家」として登場しています。

私の「のらぼう」の授業～実況中継風に

「私が髙橋孝次です。川崎市で『のらぼう』(注)を60年作り続けてきました。『のらぼう』をみなさんの力でここ川崎市にこの先100年、200年と残していってほしい、そのために私はここに来ました。

今、スーパーには200種類くらいの野菜が並んでいます。そのほとんどは、外国から来たんです。私は『のらぼう』はトルコで生まれて大陸を渡って日本にやってきたと思っています。古代のアブラナ科の野菜で、生まれたトルコは寒いので『のらぼう』は、寒い冬もずっと外で生長するんです。寒いとみんなはセーターを着るよね。でも『のらぼう』は何も着ないで、植えられたところから動かず寒さに耐えて自分に必要な力を蓄えて大きくなります。

『のらぼう』は葉っぱに目があって、いつもお日様はどこかな？　って探してる。耳もあるよ。みんなの足音を聞き分けて『この音はいつもお世話してくれる人だ』ってわかるんです。今日からは、みんなで力をあわせて『のらぼう』を育ててください」

（注）菅地区では古くから親しみを持って「のらぼう」と呼ぶ

のらぼう菜から感動の一滴

——油搾り体験

私が描いたのらぼう菜の昔式の油搾りの方法（炒る、つく、ふかすを各50分）

電気がなかった時代、のらぼう菜は、食用よりもタネから油を搾るために栽培されていました。油はおもにあかりをとるために使われていました。菅ではタネ採りは、一家の主婦の仕事。タネを次世代のお嫁さんに伝えていたことが、あかりをとるための需要が減ってものらぼう菜が作り続けられてきた理由のひとつといわれてきました。

昔は、どの町にも油屋（搾油所）がありましたが、あかりとしての需要が減っていく中で消えていきました。私が就農した１９４９（昭和24）年、菅にもすでに油屋はなく、町田にあった油屋に通っていました。当時、菅では梨の栽培が盛んで、のらぼう菜の油は梨にかける紙袋に塗っていました。もちろん食用にも使いました。のらぼう菜の油は菅の暮らしに欠かせなかったのです。

私は油搾りの方法を次世代に伝えていきたいと１９７０（昭和45）年、町田市大蔵の金澤さんという油屋を訪ねます。すでに油屋は廃業していましたが、金澤さんから丁寧に油搾りの方法を教えてもらいました。油搾り機の仕組み

タネを弱火でゆっくり50分炒る（岡本央撮影、以下このページすべて）

石臼でつく（この石臼は、地域の人が提供してくれたもの）

油搾り機のまわりに搾りかすを取り出しやすいように竹片を置く

ハンドルを交代で回す。圧力がかかり、だんだん重くなる力仕事だ

搾りたての油で行灯の火をともす

も学び設計図を描いて友人の鉄工所に行き、余った材料を活用し、油搾り機を作ってもらいました。

油搾り機は、菅地区の小学校で「油搾り体験」授業に使われています。2年生の秋にのらぼう菜を植え、3月に収穫。3年生になってタネ採りをして、秋に油搾り体験をする、1年がかりでのらぼう菜の一生を学ぶ授業です。

油搾り機、鉄鍋などの道具を自宅から学校に持ち込みます。油搾りは約4時間かかる大仕事。保護者も手伝います。作業は、炒《い》る、つく、ふかす、搾るの4工程です。

最初は軽かった搾り機のハンドルが、圧力をかけて回すうちに重くなり、先生、保護者も手伝います。回し続けるうちに、一滴、一滴と油が出てくると子どもたちから歓声があがります。感動の一滴です。搾りたての油で、自分で作った行灯《あんどん》にあかりをともします。「わあ〜い！」再び子どもたちの歓声が教室に響き渡ります。

のらぼう菜から「あかり」の歴史を学ぶ

最初に子どもたちにひょっとことおかめのお面をかぶってもらい、雰囲気をなごませるのが髙橋式

この日のために、祭りでお面を買い込んだ

のらぼう菜の油搾りを体験した菅小学校の先生から相談を受け、あかりの歴史についての授業も行ないました。

まず、みんなの前に立った数名の子どもたちに後ろを向かせ、「ひょっとこ」と「おかめ」のお面をかぶらせて振り向くと、子どもたちからは大歓声が。私は「今日は、あかりの歴史の勉強をします。このおどけた表情で口を突き出した赤いほっぺの男は「ひょっとこ」と言います。火をふぅ～とふく時の『火吹き男（ひふきおとこ）』から名前がついたという説があります」と話し、口をすぼめてふぅ～と言うと、教室が一気になごみます。

次に、机の上に並べたろうそく、灯明、行灯、石油ランプ、白熱電球の順にあかりをともしていきます。それぞれのあかりの違いに気がつく子どもたち。

「エジソンが白熱電球を発明したのが約150年前。それ以前の時間の方がずっと長い。人はあかりのためにいろんな工夫を重ねてきたんだ」と話しています。あかりのおかげで、人は夜も勉強や仕事ができるようになったのです。

左から火打ち石、行灯、灯明、ろうそく、石油ランプ、白熱電球

白熱電球

手製の行灯。後面を見せて仕組みを教える

ザルにピンクの紙を入れて作ったかがり火「燃えているように見えるでしょ」

人の暮らしにとって、
のらぼう菜などの油であかりをともしていた時間の方が、
白熱電球での暮らしよりずっと長い！

菅郷土資料館（近世農具生活展）

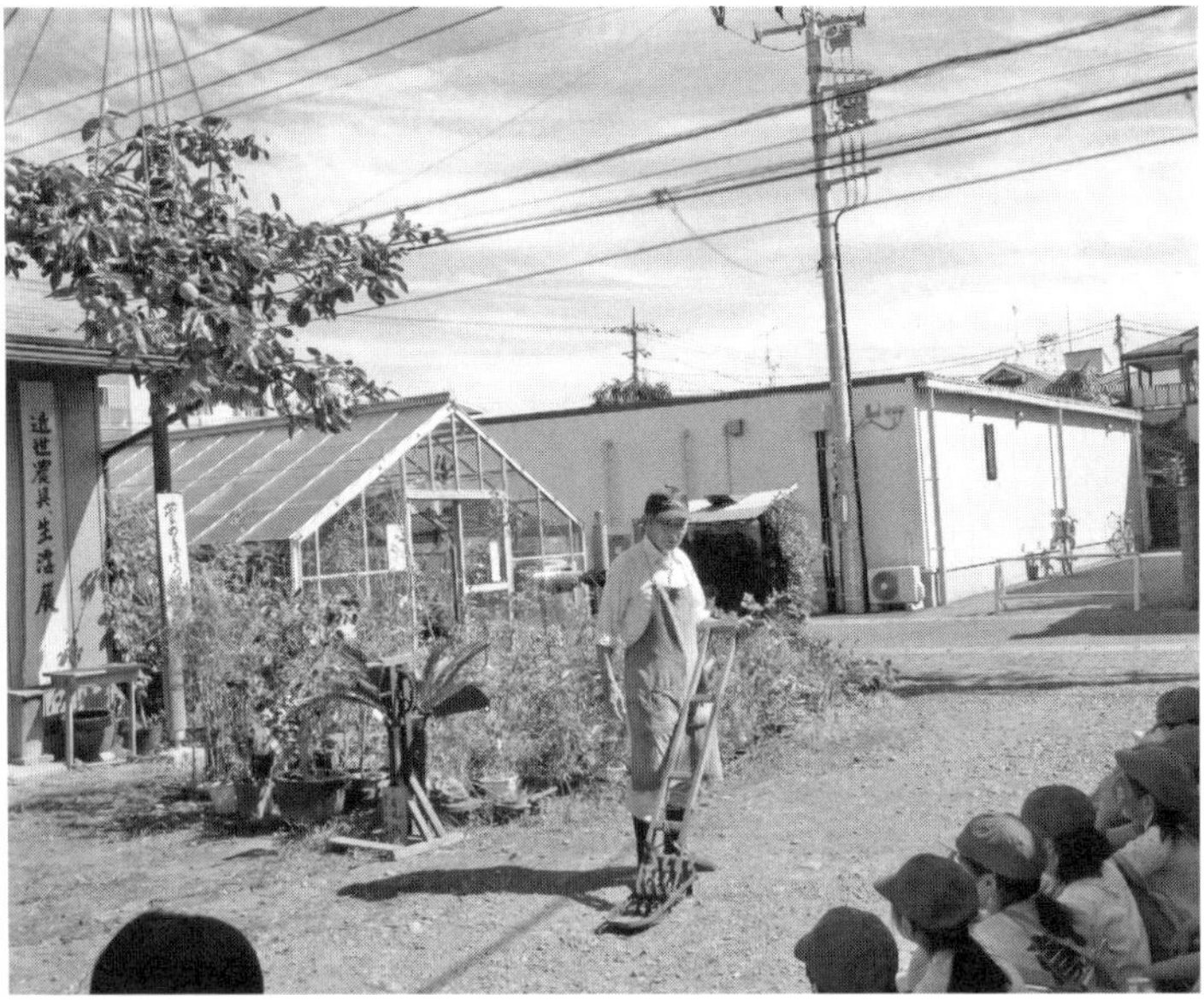

資料館の前で、体験学習に来た子どもたちに田んぼの除草機の使い方を教える。「説明書もないのに、壊れたらどうするんですか？」という質問に「道具は人間が作ったもの。じっくり道具を見てごらん。仕組みがわかれば、直すことができるよ」と答えた

私は、２００８（平成20）年に自宅の一角に「菅郷土資料館」を作りました。かつて髙橋家で使っていた、農具や家財道具などを展示しています。「どれも我が家の昔の暮らしには欠かせなかった大切なもの。農具は今も動くし、使える。ひとりでも多くの人に見てもらい、昔の人の知恵をかみしめてほしい」との思いから資料館と名付けました。

約10坪のプレハブの資料館は、細長い土間。両側の壁には、自分で描いた絵（子どものころの菅のようす、みそ・しょうゆの作り方、歴史年表、菅の地形図、のらぼう菜の油の搾り方など）が貼ってあります。その前に、せんばこき、縄ない機（ワラから縄を作る機械）、じんがら（玄米を白米に精米する道具）、機織り機、石臼などを並べています。毎年、近隣の小学生が昔の暮らしの体験学習に来てくれるのが楽しみです。

ワラを差し込みながら縄ない機を動かす。縄があみあがり、巻かれていく

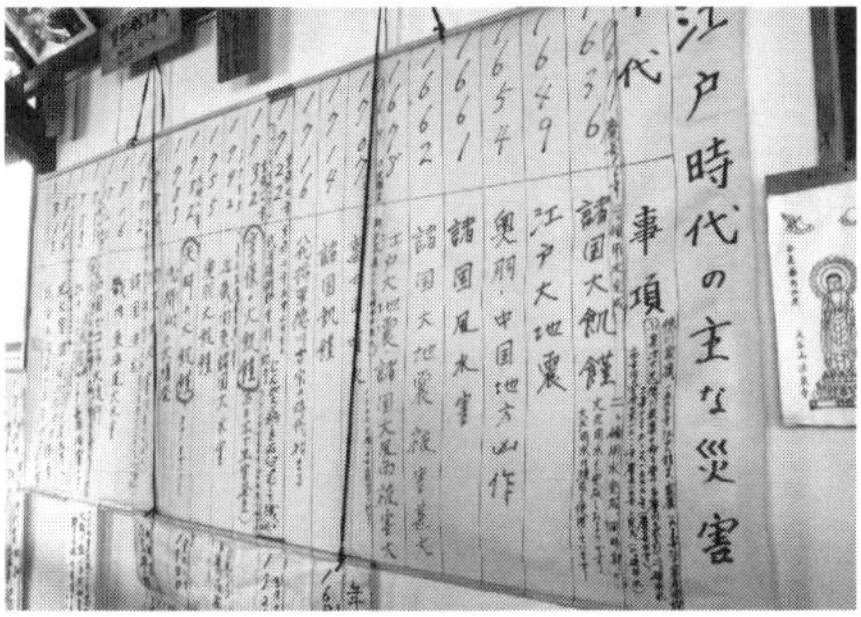

自分で書いた江戸時代の災害年表。のらぼう菜が人々を救ったといわれている「天明の飢饉」も書かれている

髙橋家で使っていた火鉢、ほうろく、おひつ

多摩川梨は、木箱にラベルを貼り出荷していた

じんがらとフルイ

のらぼう菜とともに託すメッセージ

のらぼう菜の出前授業や講演会の時に「みなさん、今日は私の話を聞いてくれてありがとうございました。これは私からのお礼です」とA5サイズに言葉が書かれた紙を渡します。いわばこれは私の話を聞いた証明書のようなものです。基本ひとりずつ目を見て手渡しします。

子どもたちの中には、そっとひとりになってじっくり眺める子もいます。家に持ち帰り、自分の部屋の壁に小学校を卒業するまで貼っていた…そんな話も聞きます。

言葉は、新聞や本などを読んで浮かんだ言葉を書き留め決めます。決まったら紙に書いて近所の菅会館で印刷し、家で1枚ずつハンコ（野戸呂・髙橋孝次）を押します。

油搾り体験を終え、じっくり見つめる小学3年生（S）

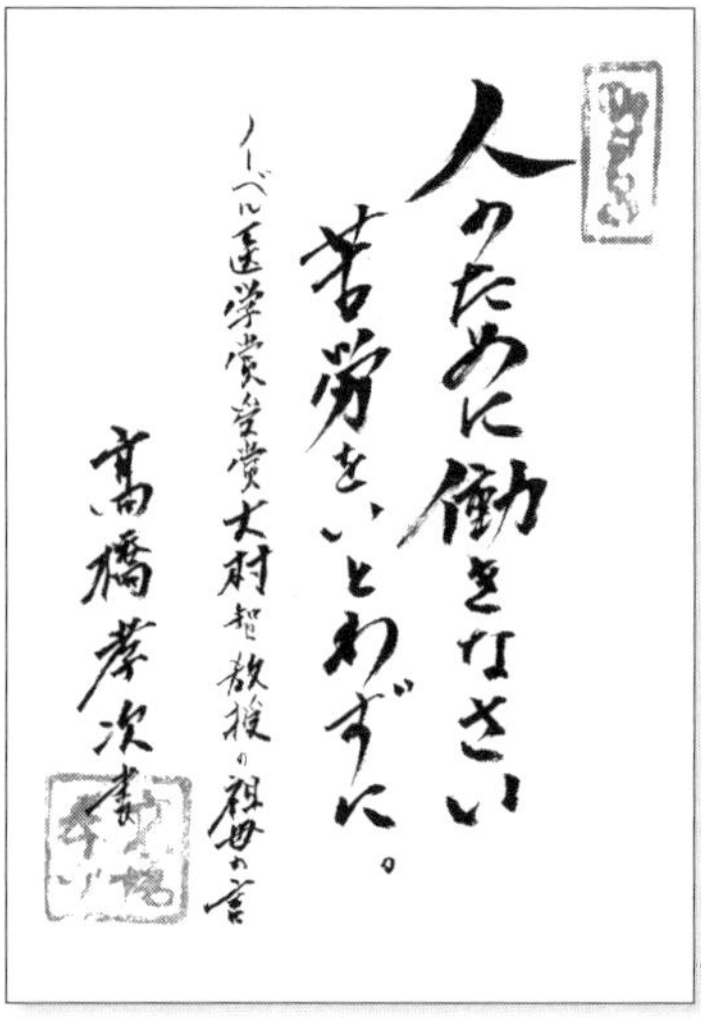

今から、ここから、
自分から、
高橋孝次書

希望は太陽
高橋孝次

初心を忘れるな、
真っすぐに生きよ、
高橋孝次

食農教育は体力、思考力、
忍耐力、持続力などの力と心を育む
高橋孝次

積小為大
二宮金次郎のことば
高橋孝次書

鍛錬磨人
宮本武蔵の五輪書より 千日を鍛、万日を錬とす
高橋孝次書

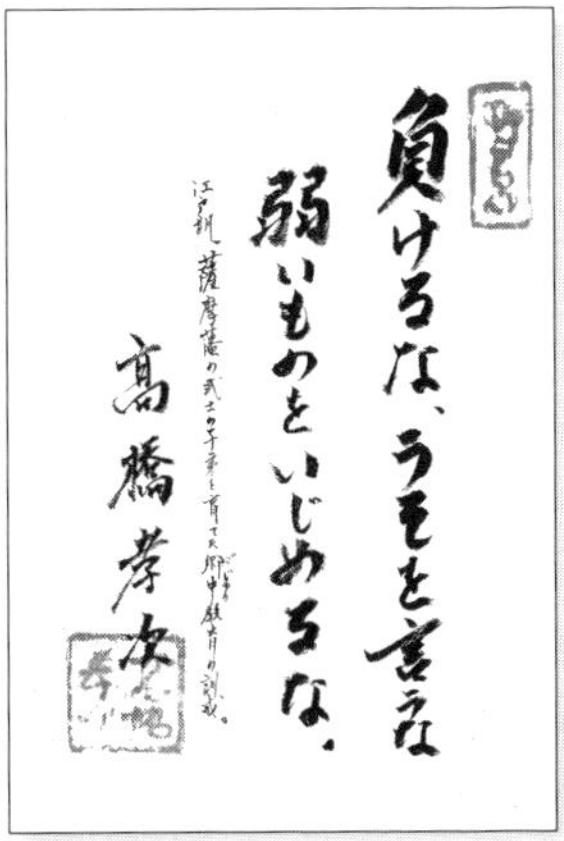
負けるな、うそを言うな
弱いものをいじめるな。
高橋孝次

金銀のメダルをめざすか、
大器晩成でいくか、
二度とないこの人生を人のために生きよ、
高橋孝次書

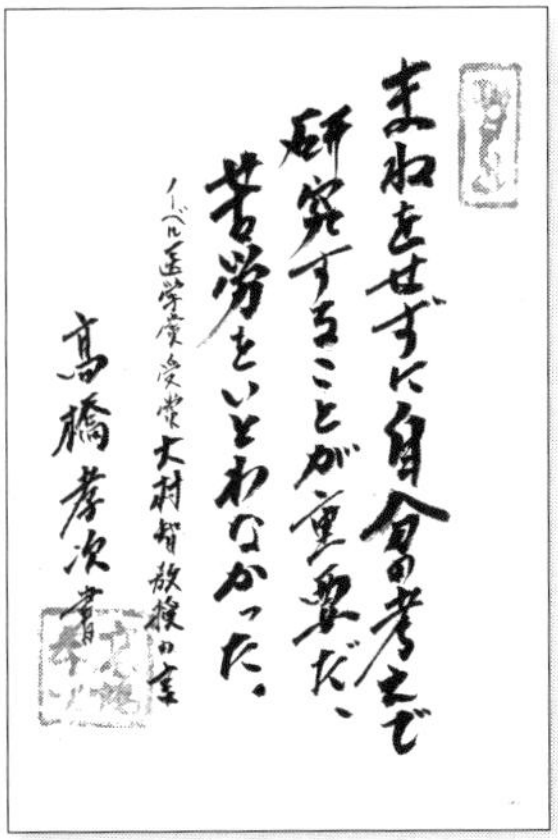
まねをせずに自分で考えて
研究することが重要だ、
苦労をいとわなかった。
ノーベル医学賞受賞 大村智教授の言
高橋孝次書

年表　私の歩みと時代

西暦	年号	年齢	私の歩み	この時代のできごと
1932	昭和7年		1月24日　川崎市多摩区菅で生まれる(7人兄弟の長男（男4人、女3人)。 家は小作人。父はのらぼう菜を栽培（田んぼの裏作）していた	
1944	昭和19年	12	学徒動員	食糧の確保に梨の木を切りサツマイモを植える
1945	昭和20年	13		終戦
1949	昭和24年	17	3月東京都立府中農業学校卒業し就農。父から「長男だから、農家を継ぎなさい」	
1951	昭和26年	19		食の洋風化
1954	昭和29年	22	梨から養鶏に営農の主力を変える	
1963	昭和38年	31	現在住んでいる瓦屋根の家を建てる	
1964	昭和39年	32	3月、結婚	卵の価格大暴落（安い飼料、鶏が外国から入ってくる）
1965	昭和40年	33		都市化が進む（田畑→住宅に）
1969	昭和44年	37	養鶏廃業を決意。鶏を減らし始め温室2棟を作る	子どもが学校で「たまご、たまご」と友達にからかわれる
1970	昭和45年	38		保健所から養鶏をやめるように指導が入る（くさい、うるさい）
1971	昭和46年	39	5月、養鶏を廃業	
1972	昭和47年	40	園芸農家としてスタート。花（シクラメン）が主、野菜苗（ナスなど）を販売	
1973	昭和48年	41	先がけで取り組んだポット苗販売が好調	第一次オイルショック（盆栽が売れなくなった）
1975	昭和50年	43		このころから川崎市では直売会が盛んになる
1979	昭和54年	47	学校でののらぼう菜の苗植え出前授業開始	第二次オイルショック
1991	平成3年	59		バブル崩壊（1991年1月～93年10月）
1993	平成5年	61	植木・盆栽の落ち込み	
1997	平成9年	65		川崎市内の4農協が合併し、セレサ川崎誕生
1998	平成10年	66	合併前の各農協で「特産品」を決めることになり、元菅農協から私はのらぼう菜を強く押し出す	
2000	平成12年	68	菅ののらぼう菜「かわさきそだち」認定	
2001	平成13年	69	菅のらぼう保存会設立	
2003	平成15年	71	のらぼう菜かながわブランド（神奈川県産ブランド）認定	
2008	平成20年	76	自宅敷地内に菅郷土資料館を作る	
2013	平成25年	81	11月、心筋梗塞で倒れる	
2015	平成27年	83	12月、地域特産物マイスターにのらぼう菜で認定される（神奈川県で2人目）	5月、川崎市、神奈川県、明治大学でのらぼう菜の共同研究開始
2018	平成30年	86	3年間の共同研究終了、川崎市の福田市長に報告（2月28日）	

参考文献

●書籍

・『農業技術大系　作物編第７巻　ナタネ』（農文協）
・志賀敏夫著『現代農業技術双書　ナタネ』（家の光協会、1971）
・山川邦夫著『基礎からわかる！　野菜の作型と品種生態』（農文協、2016）
・石田正彦編『そだててあそぼう33　ナタネの絵本』（農文協、2001）
・角田房子著『わが祖国　禹博士の運命の種』（新潮社、1994）
・大竹道茂『江戸東京野菜　図鑑篇』（農文協、2009）
・『農家が教える野菜づくりのコツと裏ワザ』（農文協、2018）

●学術論文、研究誌

・柘植一希・陳 蕤坤・吉岡洋輔・元木 悟「関東地方のセイヨウアブラナ（*Brassica napus* L.）在来種『のらぼう菜』における表現型形質およびマイクロサテライトマーカーに基づく遺伝的多様性の解析」The Horticulture Journal 89(1), 12-21, 2020
・柘植一希・増田陽介・溝田 鈴・元木 悟「『のらぼう菜』（*Brassica napus* L.）とアスパラガス（*Asparagus officinalis* L.）における数種の包装資材の利用が貯蔵後の品質に及ぼす影響」（日本食品保蔵科学会誌第44巻第５号、2018）
・川崎研究第40号（川崎郷土研究会、2002）

●雑誌

・「ずっと太いのらぼう菜の連続わき芽収穫術」（「現代農業」2016年５月号、農文協）
・「のらぼう菜多収の秘密」（「現代農業」2018年３月号、農文協）
・岡本央「のらぼう菜を伝える（郷童47）」（「のらのら」2016年6月号、農文協）
・三好かやの「川崎市＋明治大学発『のらぼう菜』とアスパラガスの『採りっきり栽培』」（「農耕と園芸」2018年６月号、誠文堂新光社）
・三好かやの「神奈川、東京、埼玉　のらぼう菜の産地を訪ねて」（「農耕と園芸」2020年夏号、誠文堂新光社）

●パンフレットなど

・神奈川県・川崎市・明治大学農学部編「のらぼう菜栽培マニュアル」
・かわさき“のらぼう”プロジェクト「かわさき育で育んだのらぼう」

取材・編集協力（敬称略）

元木 悟（明治大学農学部野菜園芸学研究室　准教授、明治大学黒川農場長）

柘植一希（博士（農学））

石田正彦（農研機構/本部事業開発室）

神奈川県農業技術センター生産環境部品質機能研究課

川崎市経済労働局農業技術支援センター

セレサ川崎農業協同組合

乙戸 博、青木周一（秋川農業協同組合五日市のらぼう部会）

大野敏行（埼玉中央農協のらぼう菜部会）

北原 瞬（有機農園けのひ園主）

田中龍平（かわさきのらぼうプロジェクト）

大橋ゆり（スパイスカレー ムビリンゴ店主）

茶野佐知子（ベーグルカンパニー店主）

渥美和幸（おつけもの慶代表）

写真撮影

岡本 央

依田賢吾

著者のタネの入手方法

私ののらぼう菜のタネがほしい方は、封筒に500円分の切手を入れ、送り先の住所氏名を書いて、下記の住所へ送ってください。タネをお送りします。発送できるのは6～8月のみです。

〒214-0002　川崎市多摩区菅野戸呂14-33　髙橋孝次 宛

編集協力

清水まゆみ

食農教育コーディネーター。川崎市在住。2008、2009年の農林水産省にっぽん食育推進事業「教育ファーム推進事業」をきっかけに学校現場の栽培学習、学校給食などの取材、執筆を展開。月刊『学校給食』（全国学校給食協会）で「川崎市リポート中学校給食までの道のり」35回がある。のらぼう菜をはじめとする川崎市産の農産物の普及を目的とした市民活動にも参加している。本書の３、４章を担当。

三好かやの

ライター。食と農の世界を中心に雑誌「農耕と園芸」、WEBサイト「SMART AGRI」などに執筆中。共著に『私、農家になりました。』（誠文堂新光社）、『東北のすごい生産者に会いに行く』（柴田書店）がある。いいたて雪っ娘かぼちゃ、会津木綿、そして菅ののらぼう菜も栽培している。本書の１、２章を担当。

編集後記

髙橋さんとの出会いは2015（平成27）年４月。のらぼう菜に人格を持たせて語る姿に驚いて以来「自称　おっかけ」として小・中学校の出前授業には何校もついていきました。この年の秋から髙橋さんの苗でのらぼう菜をプランターで育て始め、畑に伺い定植や収穫のお手伝いもしてきましたが、まだまだ髙橋さんが編み出した技術の取得にはほど遠く、ダメ出しをいつももらっています。

髙橋さんの中学校の授業で忘れられない言葉があります。「親友が悪友に、悪友が親友になることだってある。だからみんな、仲良くやってくれ」。一時の感情に流されず、長いスパンでものごとをとらえてそれぞれに生きていていってほしい、そう伝えたかったのだと思っています。

のらぼう菜は毎年春になると太くやわらかな茎を出します。わき芽も主役にもなって「美味しい、美味しい」と言ってもらえるように髙橋さんは育ててきました。これからもこののらぼう菜を多くの人の手で育てていけたらと思います。（清水まゆみ）

写真で見る　髙橋家の農業の歩み

養鶏

魚の木箱などを利用して家族で作った鶏舎

鉢物園芸

父、母、妻、子どもたちと、
苗に囲まれて（1971年）

40歳を過ぎ勝負をかけた
シクラメン（1980年）

お花の病院

お花の病院で預かったカトレヤを復活させた。預けた女性もこの笑顔（ＮＨＫ朝のニュースで取り上げられた）

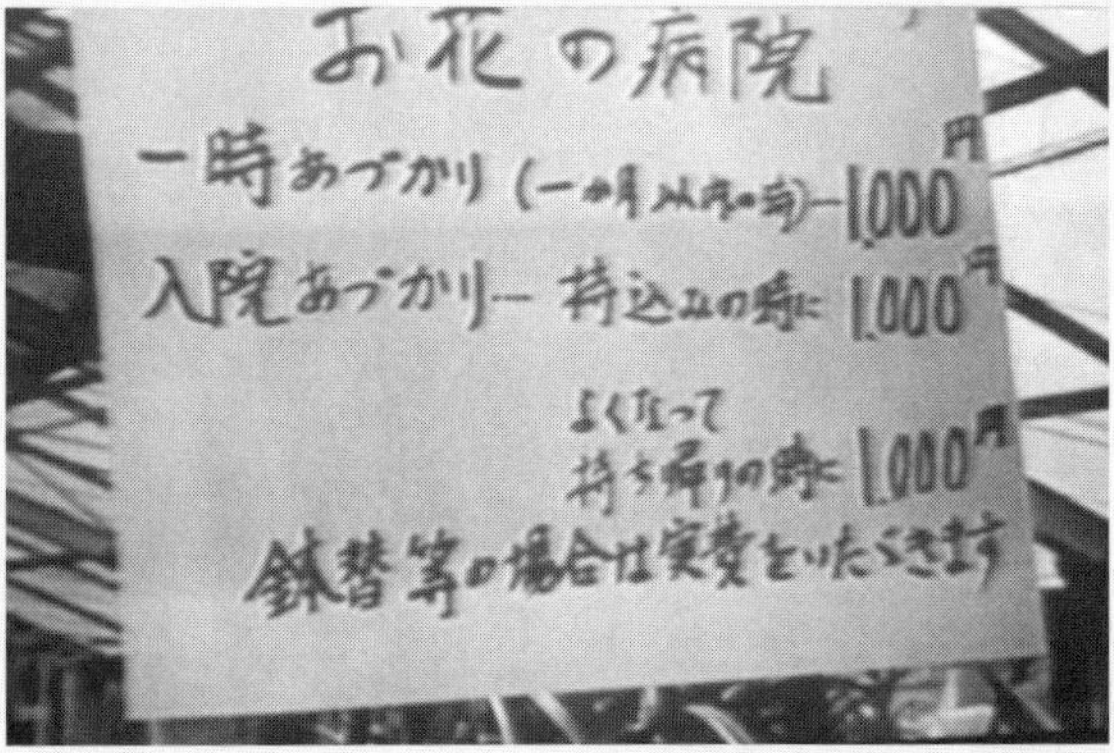

お花の病院の
料金と仕組み

全盛期のシクラメン。納得のいくものができるようになった

園芸教室

成人学校で園芸を教えていた生徒たちがハウスを訪ねてきてくれた（1987年）

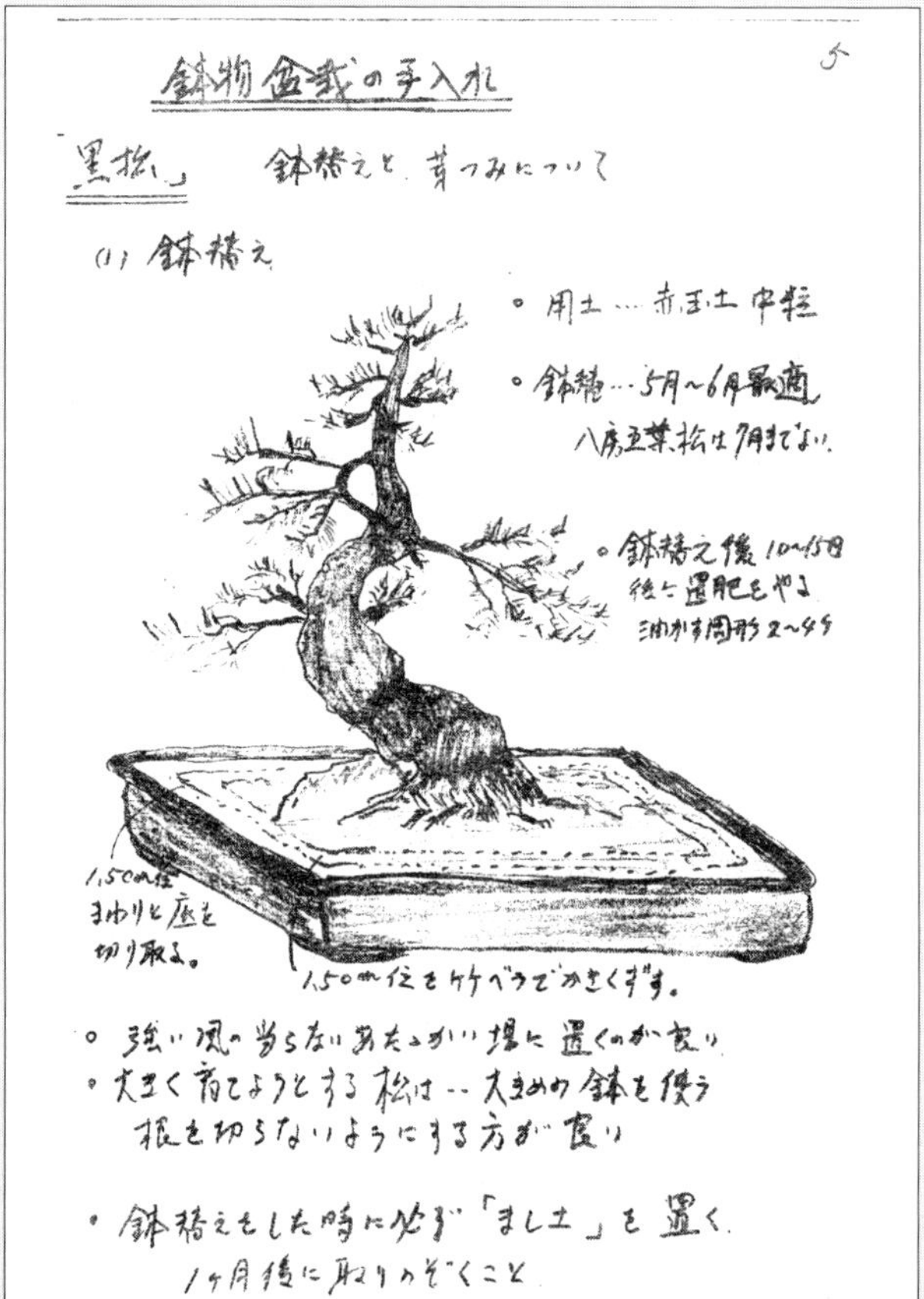

5

鉢物盆栽の手入れ

「黒松」　鉢替えと芽つみについて

(1) 鉢替え

・用土…赤玉土 中粒

・鉢替…5月～6月最適
八房五葉松は7月まで良い

・鉢替え後 10～15日後に置肥をやる
油かす固形 2～4ヶ

1.5cm位まわりと底を切り取る。

1.5cm位を竹べらでかきくずす。

・強い風の当らないあたたかい場に置くのが良い
・大きく育てようとする松は…大きめの鉢を使う
根を切らないようにする方が良い

・鉢替えをした時に必ず「まし土」を置く
1ヶ月後に取りのぞくこと

成人学校のテキスト『趣味の園芸』の盆栽のページ。原稿は手書きで絵も自分で描いた

菅のらぼう菜の歴史を寸劇にして披露（ＪＡ植木盆栽部で制作。2000年12月）

のらぼう菜

のらぼう菜の歴史を記した「野良坊菜之碑」（東京都あきる野市子生神社境内）。菅のらぼう保存会で訪ねた（2002年3月）

あきる野ののらぼう菜を食べる

著者略歴

髙橋　孝次（たかはし　こうじ）

川崎市多摩区菅で鎌倉時代から続く農家。のらぼう菜を作り続けて70年。のらぼう菜で、（公財）日本特産農産物協会による「地域特産物マイスター」に2015年度認定。菅のらぼう保存会会長。

のらぼう菜
太茎多収のコツ

2020年 9月25日　第1刷発行
2020年11月15日　第2刷発行

著　者●髙橋　孝次

発行所●一般社団法人 農山漁村文化協会
〒107-8668　東京都港区赤坂7丁目6-1
電　話●03（3585）1142（営業）　03（3585）1147（編集）
ＦＡＸ●03（3585）3668　振　替●00120-3-144478
ＵＲＬ●http://www.ruralnet.or.jp/

DTP製作／㈱農文協プロダクション
印刷・製本／凸版印刷㈱

ISBN978-4-540-19205-0
〈検印廃止〉

Printed in Japan
定価はカバーに表示
乱丁・落丁本はお取り替えいたします。